建筑识图与构造习题集

（第3版）

主　编　王　鹏　孙庆霞　杨　慧
参　编　杨莅滦　吴　恒　尹　茜
主　审　牟培超

北京理工大学出版社
BEIJING INSTITUTE OF TECHNOLOGY PRESS

内 容 提 要

本习题集与王鹏、孙庆霞、尹茜主编的《建筑识图与构造（第3版）》配套使用，主要内容包括建筑制图基础、正投影、建筑构造、工程施工图基础等。本习题集各项目选择的习题类型，除了双基练习题之外，还选用了少量有一定难度的综合练习题，内容遵循由浅入深、循序渐进的学习规律，兼顾教学、自学和复习多方面要求。

本习题集可作为高等院校土木工程类相关专业的教材，也可供工程建设行业相关施工技术人员参考使用。

图书在版编目（CIP）数据

建筑识图与构造习题集/王鹏，孙庆霞，杨慧主编.—3版.—北京：北京理工大学出版社，2024.1重印

ISBN 978-7-5682-8796-8

Ⅰ.①建…　Ⅱ.①王…　②孙…　③杨…　Ⅲ.①建筑制图－识图－高等学校－习题集　②建筑构造－高等学校－习题集　Ⅳ.①TU2-44

中国版本图书馆CIP数据核字（2020）第133790号

责任编辑：江　立　　文案编辑：江　立

责任校对：周瑞红　　责任印制：边心超

出版发行／北京理工大学出版社有限责任公司

社　　址／北京市丰台区四合庄路 6 号

邮　　编／100070

电　　话／（010）68914026（教材售后服务热线）

（010）68944437（课件资源服务热线）

网　　址／http：//www.bitpress.com.cn

版 印 次／2024 年 1 月第 3 版第 4 次印刷

印　　刷／北京紫瑞利印刷有限公司

开　　本／787 mm × 1092 mm　1/16

印　　张／7

字　　数／164 千字

定　　价／36.00 元

第3版前言

本习题集第3版主要进行了以下几方面修订：

1．在内容上增加拓展任务练习和工程图的识读，精选了某学院传达室施工图（平面图、立面图、剖面图、详图、结构施工图），与配套教材中的工程施工图构成了一个由基本识图练习到综合识图练习，最后到独立识图练习的过程，充分体现“学中做”“做中学”的理念。

2．改正了前两版习题集中的错误和遗漏之处。

3．根据最新颁布的建筑工程制图相关国家标准，对前一版习题集中涉及已废止建筑工程制图国家标准的制图方法进行了订正。

本习题集由山东城市建设职业学院王鹏、孙庆霞、杨慧担任主编，山东城市建设职业学院杨莅滦、吴恒、尹茜参与了编写。全书由牟培超主审。

限于编者水平有限，书中难免会有不妥之处，敬请广大读者批评指正。

编　者

第2版前言

本习题集第2版作了如下几方面修订：

1．在内容上做了一些删减，删除附图（底层建筑平面图、三至六层平面图、七层平面图、屋顶排水平面图、南立面图、1—1剖面图、墙身详图、楼梯平面图、楼梯剖面图）。

2．改正了第1版的错误和遗漏之处。

3．根据新颁布的有关国家标准，对第一版中涉及旧国家标准制图方法之处进行了订正。

本习题集第2版仍由山东城市建设职业学院王鹏、中国建筑第八工程有限公司高级工程师王琪主编。另外，参加修订工作的还有：山东城市建设职业学院的孙庆霞、杨莅滦、吴恒、尹茜。全书由牟培超主审。

限于编者水平，书中难免有不妥之处，希望广大读者批评指正。

编　者

第1版前言

本习题集内容包括“建筑制图基础”“正投影”“建筑构造”“工程施工图基础”，按照国家颁布的《建筑制图标准》（GB/T 50104—2010）和《房屋建筑制图统一标准》（GB/T 50001—2010）的相关规定编写而成。习题集各项目中的选题，除了基本题之外，还选用了少量有一定难度的习题，内容由浅入深，兼顾教学、自学和复习多方面的需要，对其中较难的题目，可根据实际情况选用。习题集后附有部分答案，仅供参考。

由于编者水平有限，时间仓促，书中的错漏之处在所难免，敬请读者批评指正。

编　者

目　录

一、字体练习（一）

建筑制图民用房屋东南西北方向平立剖面设计说明基

础墙柱梁档板楼梯框架承重结构门窗阳台雨篷勒脚散

坡洞沟槽材料钢筋水泥砂石混凝土砖木灰浆给排水暖

项目一　建筑制图基础	班级		姓名		学号		审阅	

一、字体练习（二）

建筑屋面油毡防水层绿豆砂保护找平隔热挂瓦顺水椽检查顶棚吊顶搁栅天窗雨

水口斗管沟盖檐泛水坡度线圈梁隔断墙预埋件砖砌平拱过梁伸缩缝变勒脚形磨

石楼地消防梯安全板门框百页亮子铁栅铰链钩玻璃马赛克刨花木丝板闸阀温虹

项目一　建筑制图基础	班级		姓名		学号		审阅	

一、字体练习（三）

A B C D E F G H I J K L M O P Q R S T U V W X Y Z

a b c d e f g h i j k l m n o p q r s t u v w x y z

1 2 3 4 5 6 7 8 9 0

项目一 建筑制图基础	班级		姓名		学号		审阅	

二、比例的应用

1．用下列各比例截取长度为1 000 mm的直线。

1∶100

1∶50

1∶30

1∶20

1∶15

2．用下列比例量直线AB，其长各为多少？

A ———————————— B

1∶1时，AB=
1∶5时，AB=
1∶10时，AB=
1∶20时，AB=

1∶50时，AB=
1∶300时，AB=
1∶500时，AB=
1∶1 500时，AB=

3．按比例标注下面两个构件的尺寸。

1∶10

1∶30

4．用1∶20的比例作一直径为600 mm的圆。

5．按照下图所示尺寸，按1∶200的比例画图并标注尺寸。

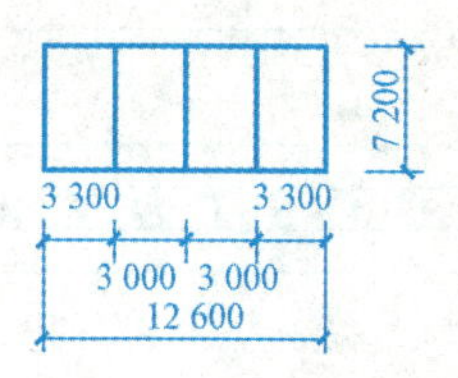

项目一　建筑制图基础	班级		姓名		学号		审阅	

三、拓展练习——尺寸标注

1. 在下面的图形中标注尺寸（尺寸在图中量取）。

2. 在下面的图形中标出正确的尺寸。

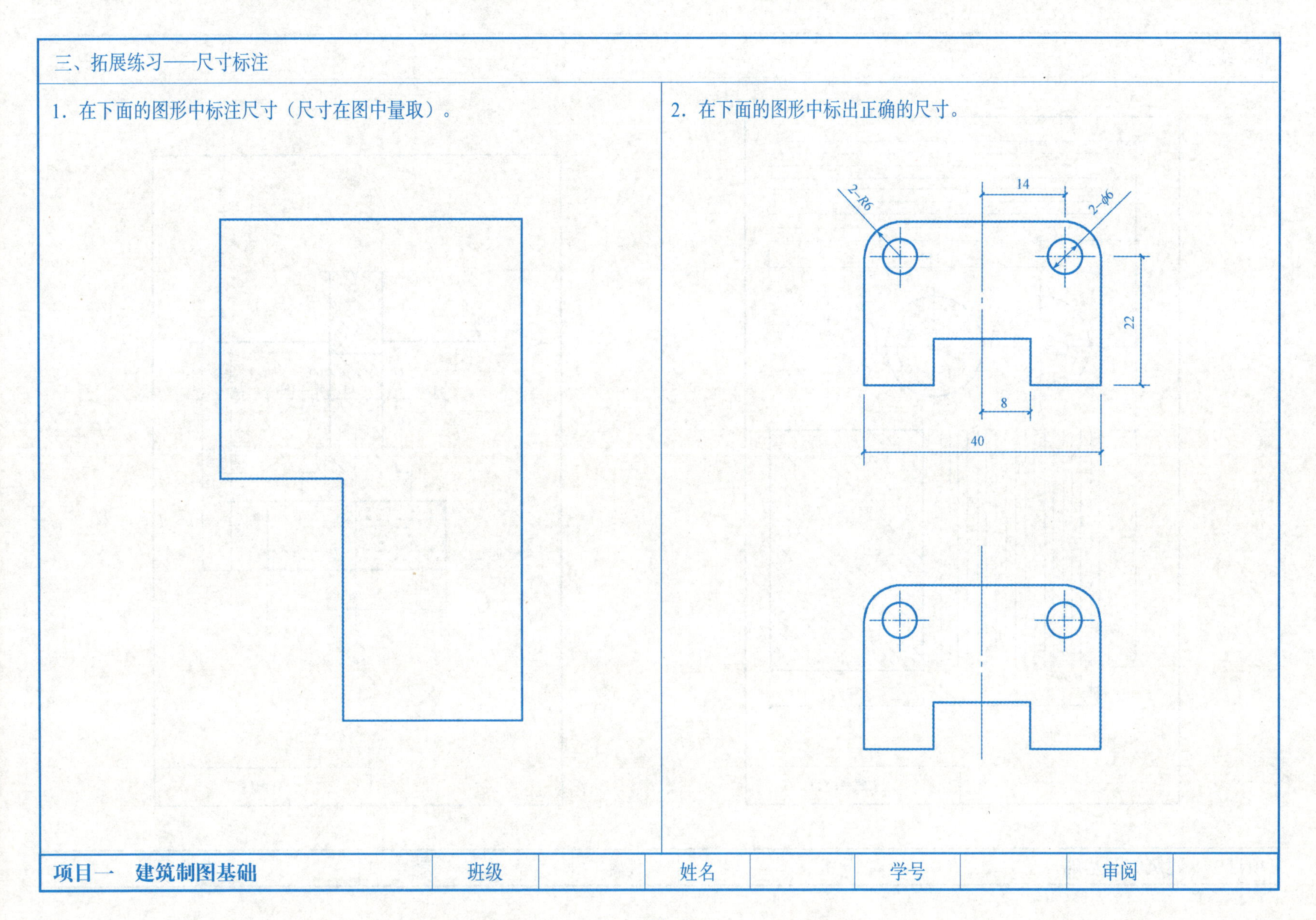

项目一　建筑制图基础	班级		姓名		学号		审阅	

四、线型练习

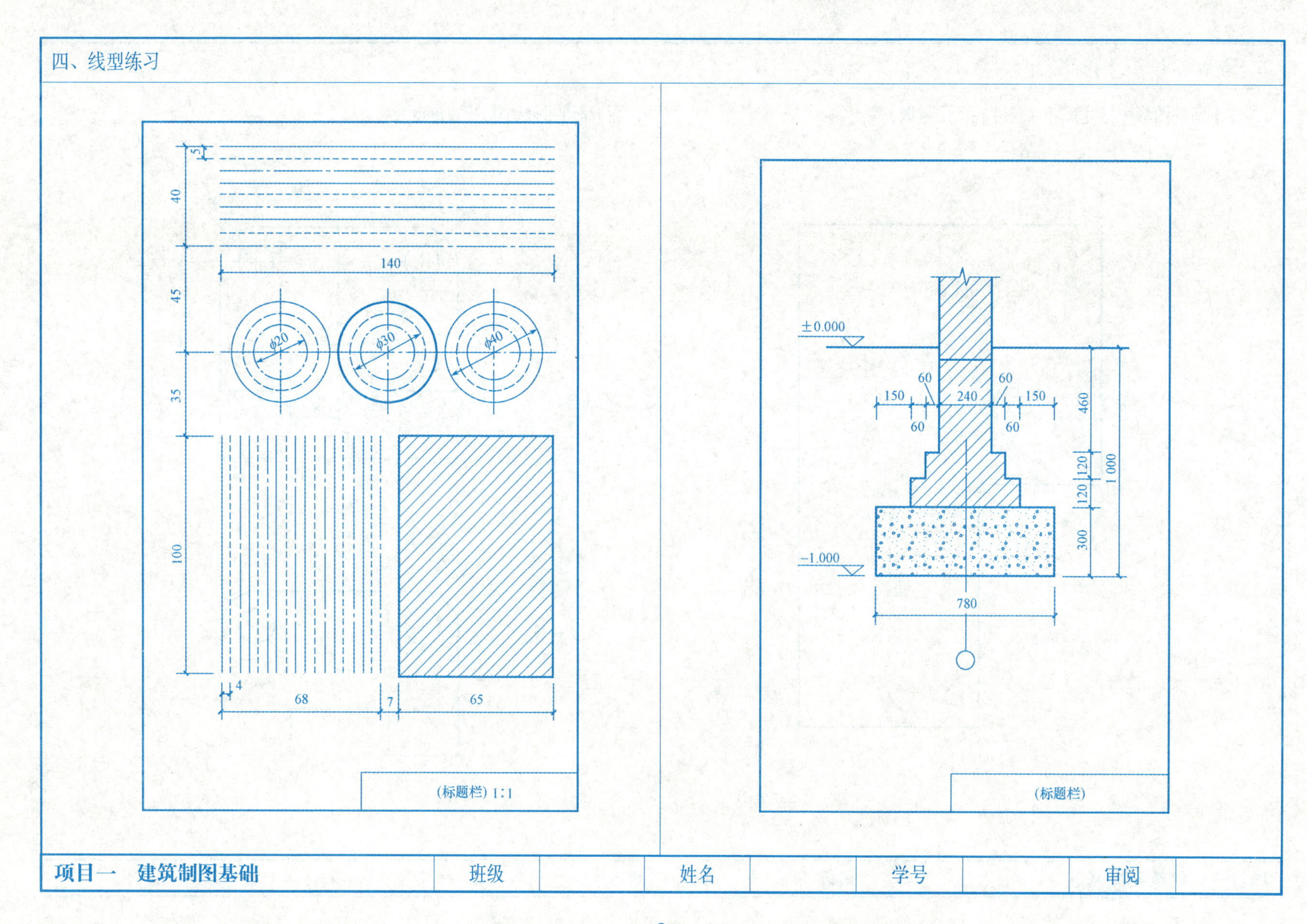

项目一　建筑制图基础	班级		姓名		学号		审阅	

1．抄绘下图。

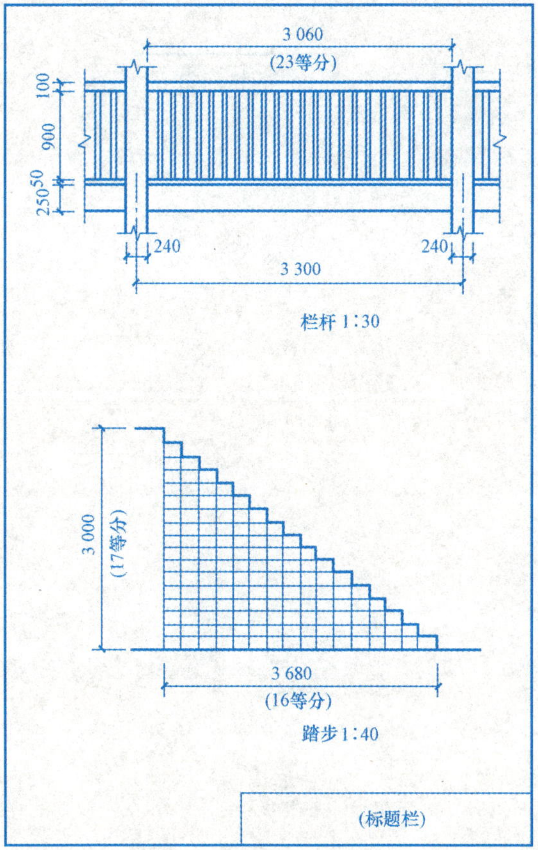

2．抄绘下图。

项目一　建筑制图基础	班级		姓名		学号		审阅	

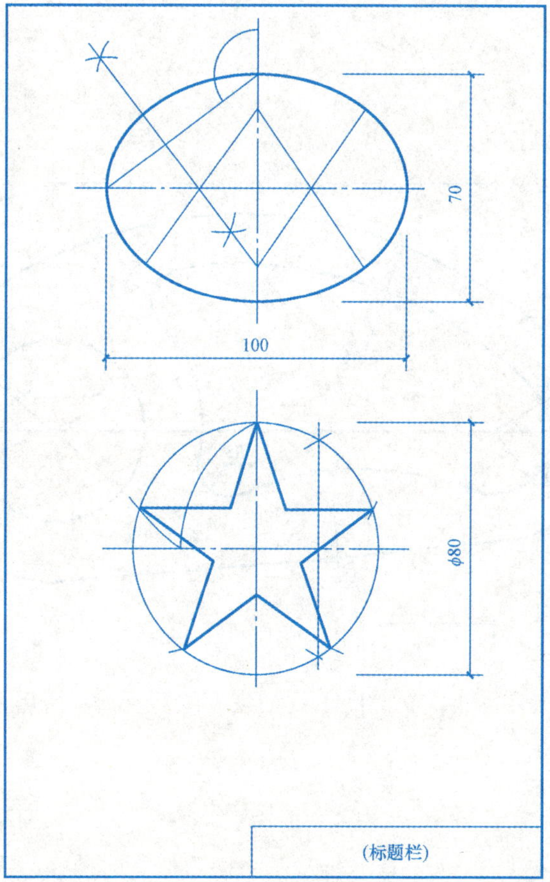

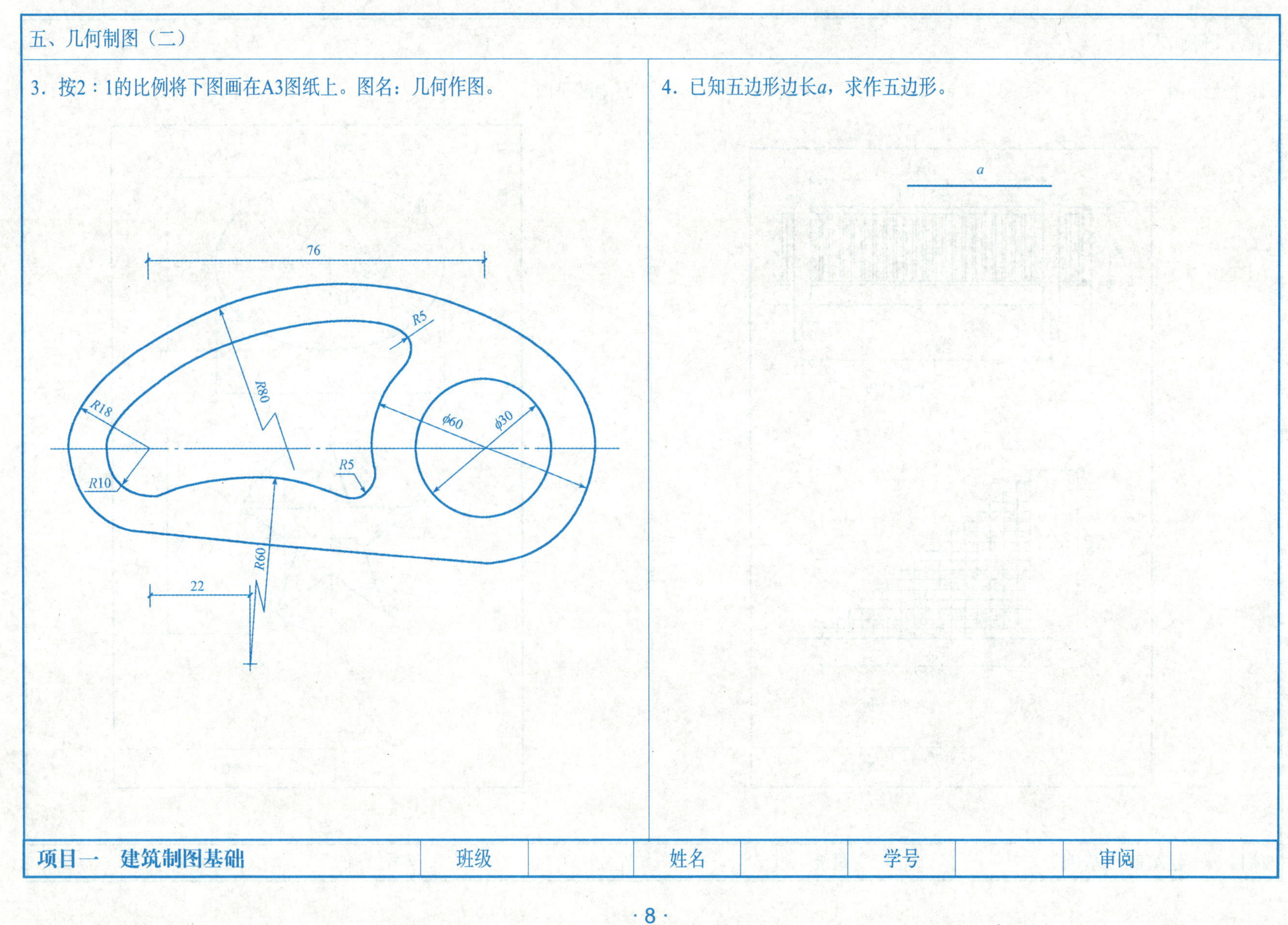
五、几何制图（二）
3．按2∶1的比例将下图画在A3图纸上。图名：几何作图。
76
R5
R80
R18
ϕ60
ϕ30
R5
R10
R60
22
4．已知五边形边长a，求作五边形。
a
项目一　建筑制图基础
班级
姓名
学号
审阅

5. 用R10 mm的圆弧连接两直线。

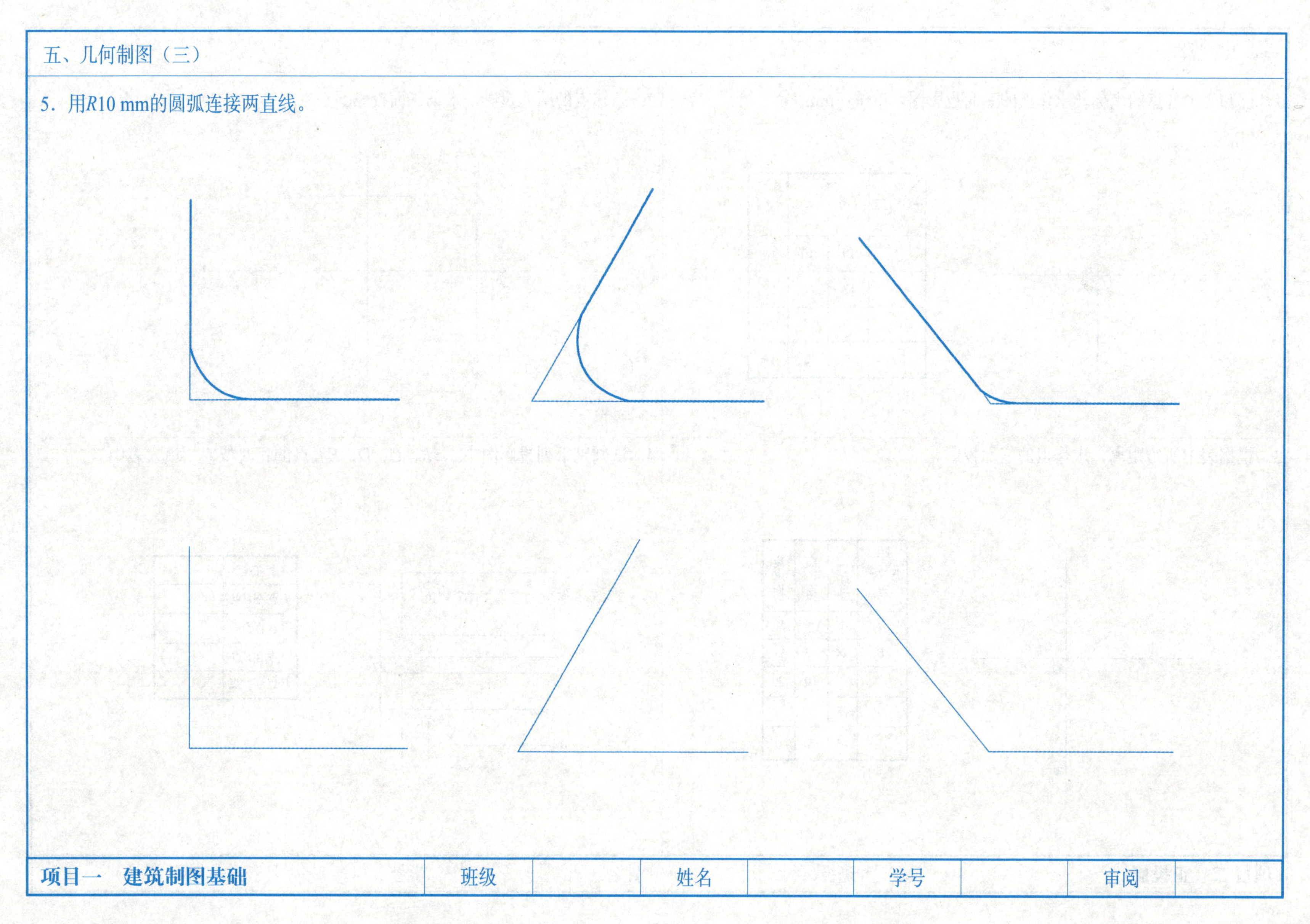

一、点的投影（一）

1. 已知表中各点的坐标，求作点的三面投影图。单位：mm。

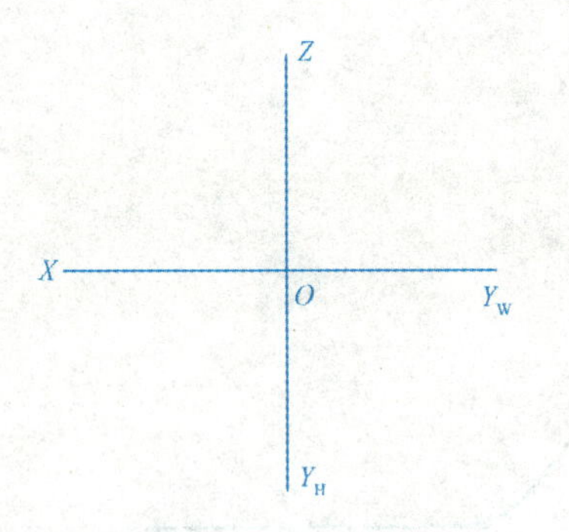

点名＼坐标	X	Y	Z
A	10	10	10
B	13	10	13
C	0	5	20
D	5	0	15

2. 已知点的两面投影，求第三面投影。

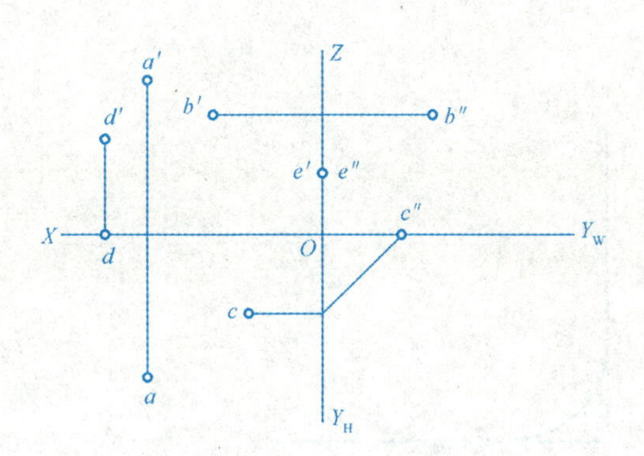

3. 根据表中所给距离，求作点的三面投影。

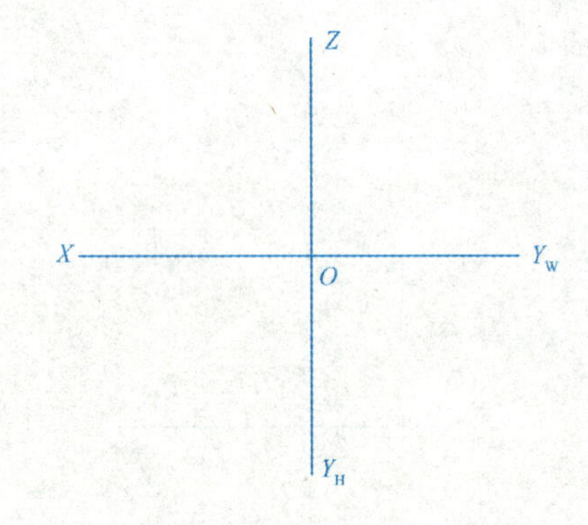

点名＼距离	离H面	离V面	离W面
A	10	5	10
B	0	15	0
C	0	10	20
D	15	0	5
E	15	20	0

4. 试判别下列投影图中A、B、C、D、E五点的相对位置（填入表中）。

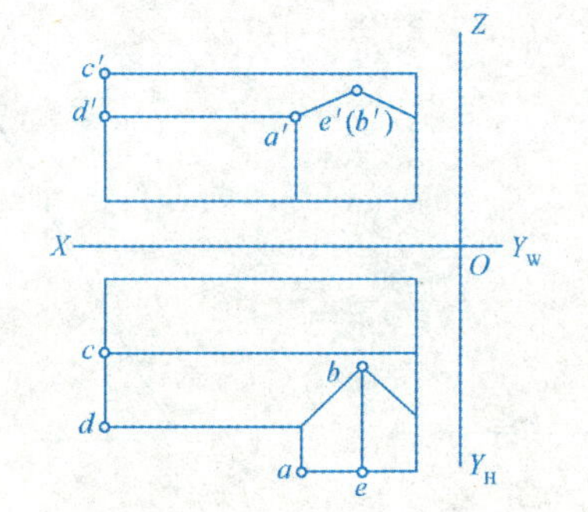

A点在B点	
B点在E点	
A点在D点	
A点在E点	
C点在D点	

项目二　正投影	班级		姓名		学号		审阅	

5．已知点A的投影，求点B、C、D的投影，使B点在A点的正左方5 mm，C点在A点的正前方10 mm，D点在A点的正下方10 mm。

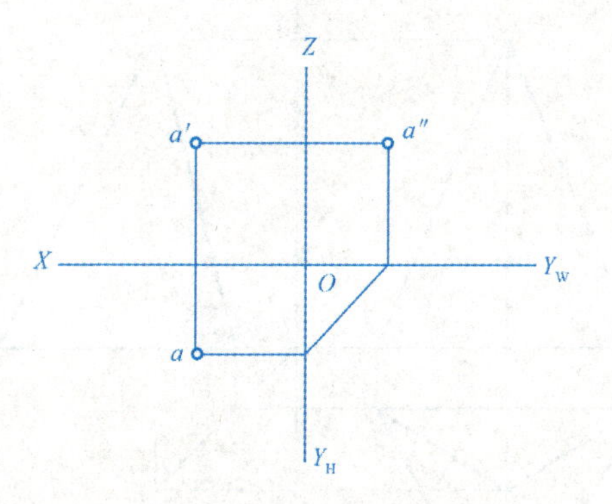

6．已知A、B、C三点的三面投影，试判别A、B、C三点的相对位置。

A点位于B点	
B点位于C点	
C点位于A点	

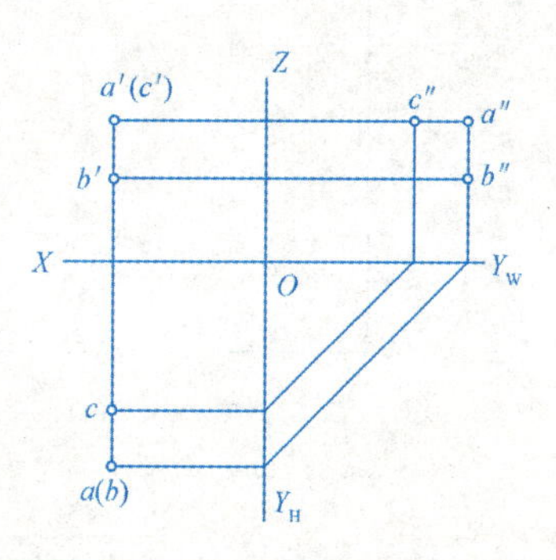

7．根据直观图中A、B、C、D各点的空间位置，画出它们的投影图，并量出各点到投影面的距离（以mm计），填入下表。

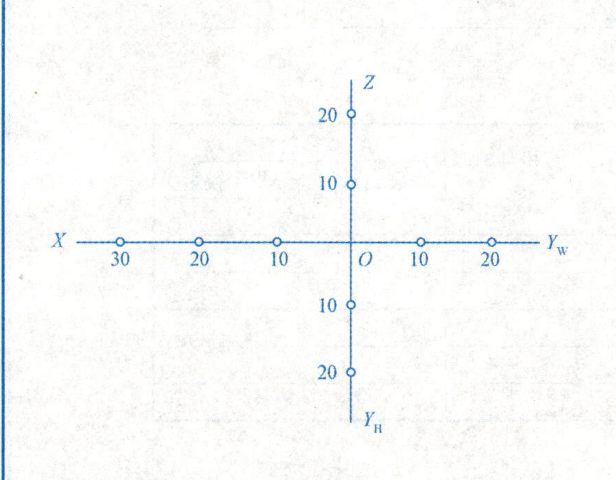

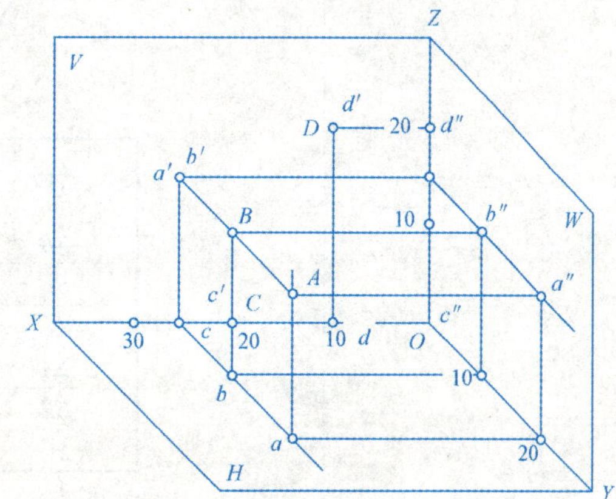

坐标／点名	X	Y	Z
A			
B			
C			
D			

项目二　正投影	班级		姓名		学号		审阅	

二、直线的投影（一）

1. 已知A点的坐标（30，20，0）、B点的坐标（10，5，30），试求该两点的三面投影，并把同名投影连接起来，再绘出直观图。

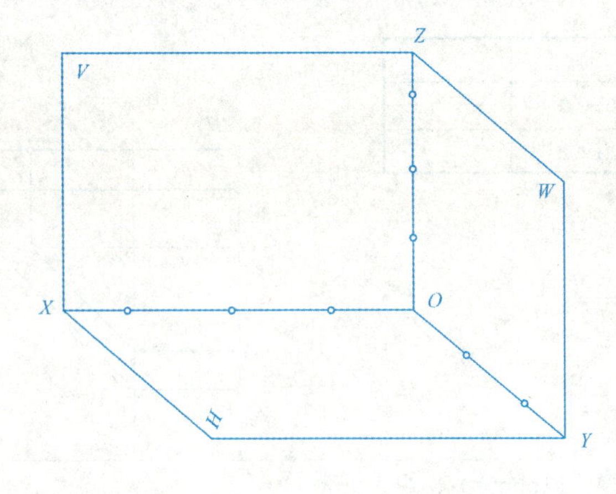

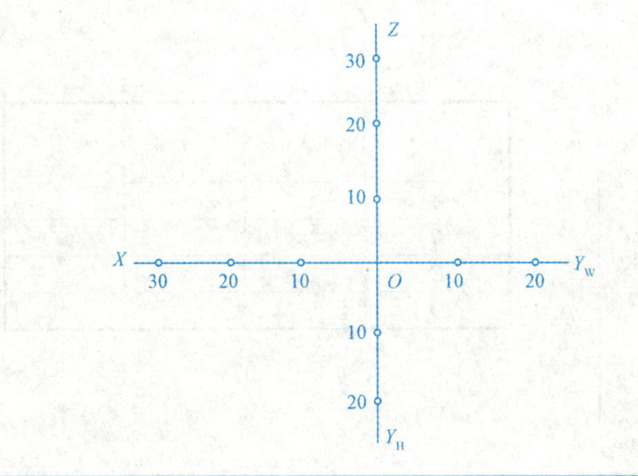

2. 指出三棱锥各棱线都是何种线段（位置名称），并注出实长投影和积聚投影。

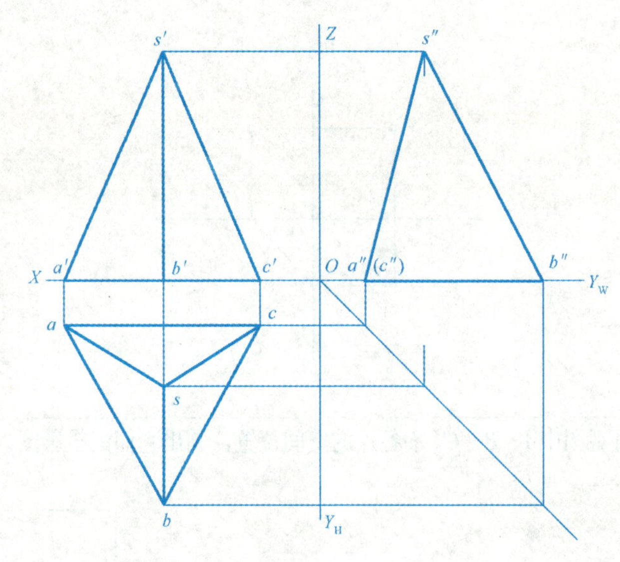

线段	线段种类	投影特性	
		实长投影	积聚投影
AB			
BC			
AC			
SA			
SB			
SC			

项目二　正投影	班级		姓名		学号		审阅	

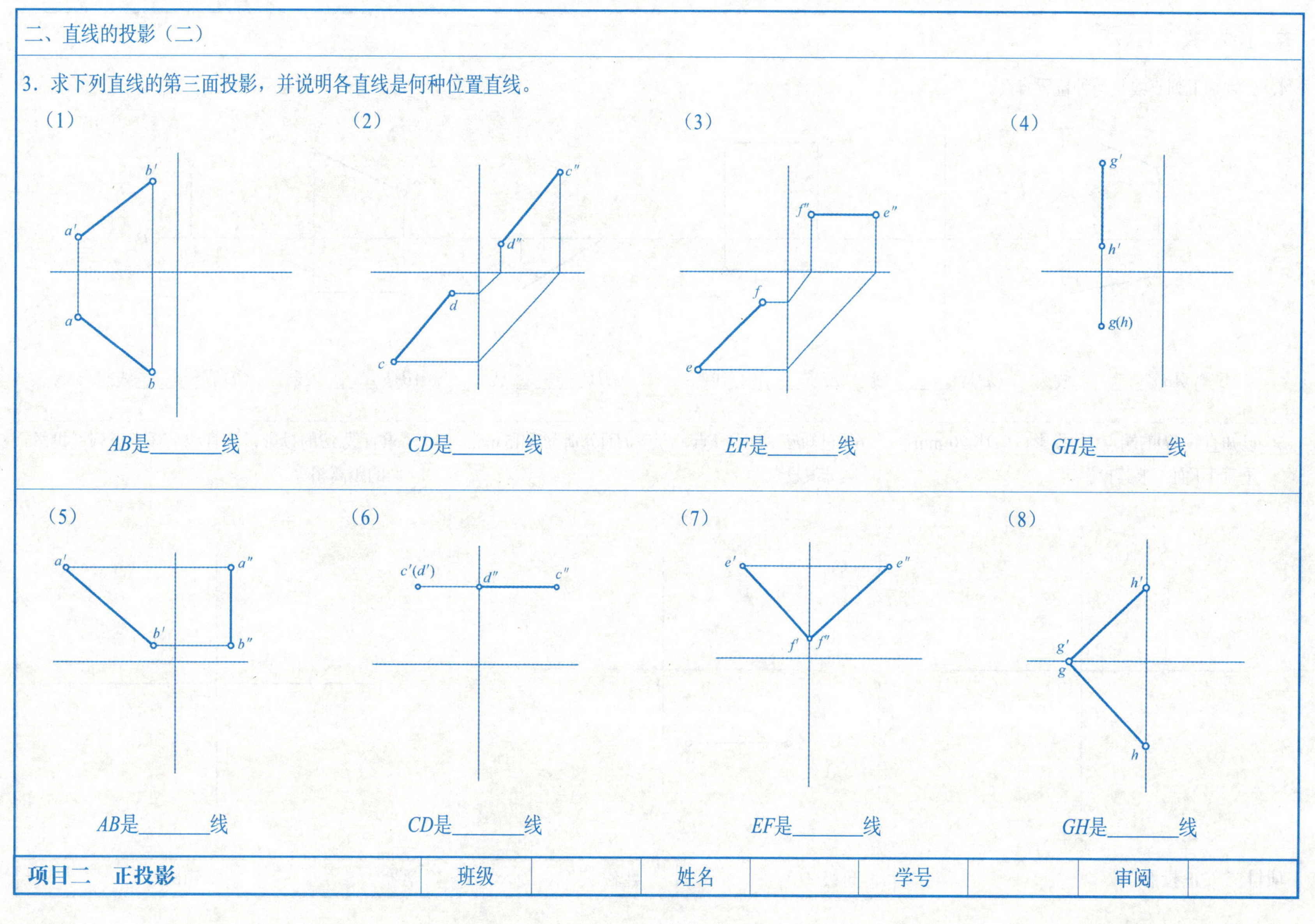
二、直线的投影（二）
3. 求下列直线的第三面投影，并说明各直线是何种位置直线。
（1）
（2）
（3）
（4）
AB是________线
CD是________线
EF是________线
GH是________线
（5）
（6）
（7）
（8）
AB是________线
CD是________线
EF是________线
GH是________线
项目二　正投影
班级
姓名
学号
审阅

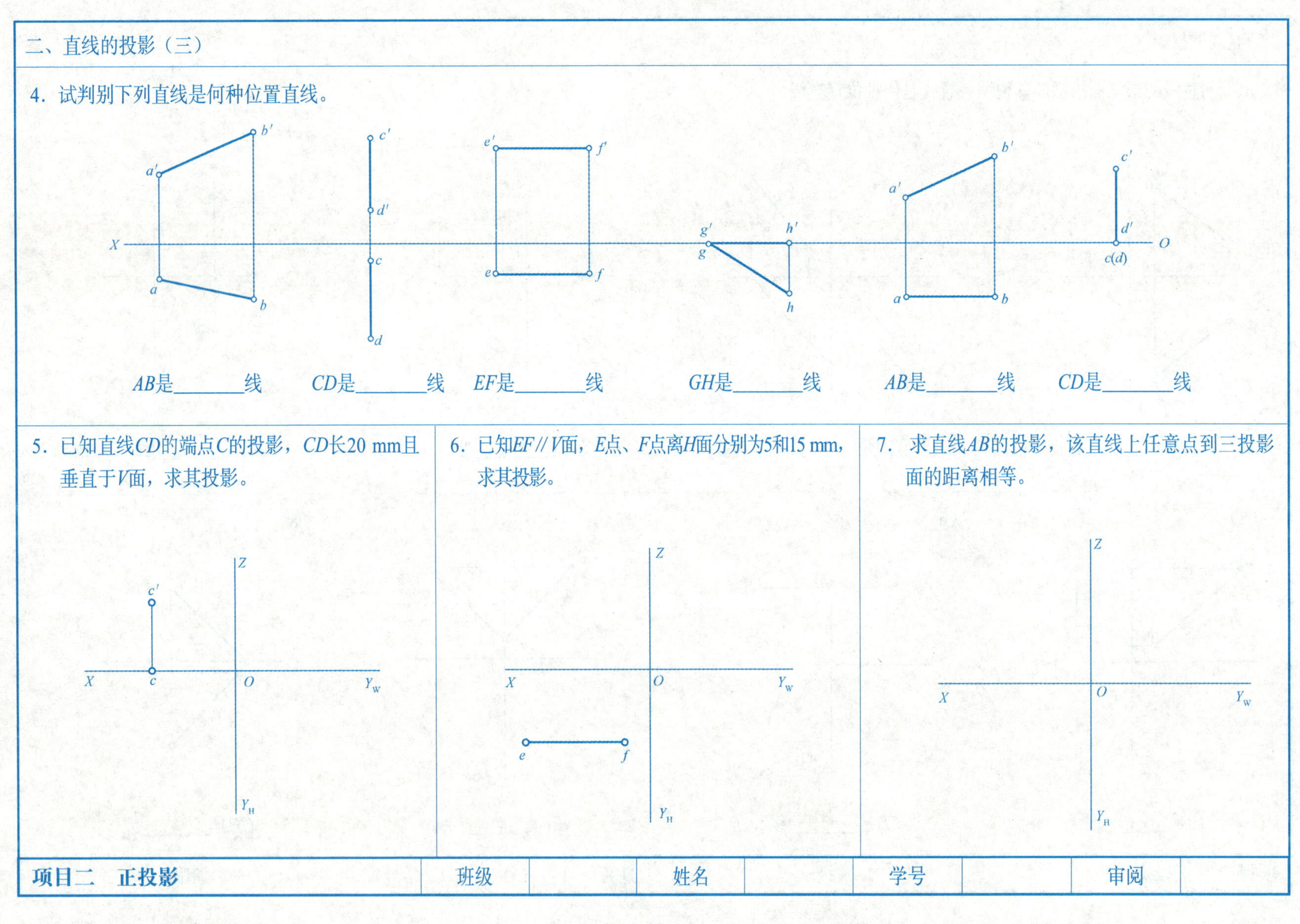

二、直线的投影（三）

4．试判别下列直线是何种位置直线。

*AB*是________线　*CD*是________线　*EF*是________线　*GH*是________线　*AB*是________线　*CD*是________线

5．已知直线*CD*的端点*C*的投影，*CD*长20 mm且垂直于*V*面，求其投影。

6．已知*EF*//*V*面，*E*点、*F*点离*H*面分别为5和15 mm，求其投影。

7．求直线*AB*的投影，该直线上任意点到三投影面的距离相等。

项目二　正投影	班级		姓名		学号		审阅	

三、直线上点的投影

1. 已知直线AB的投影，求直线AB上点C的投影，使AC：CB=3：1。

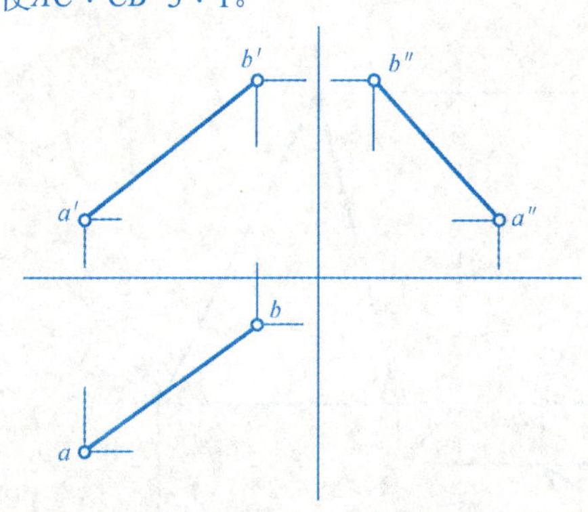

2. 试判别下列各点是否在各直线上。

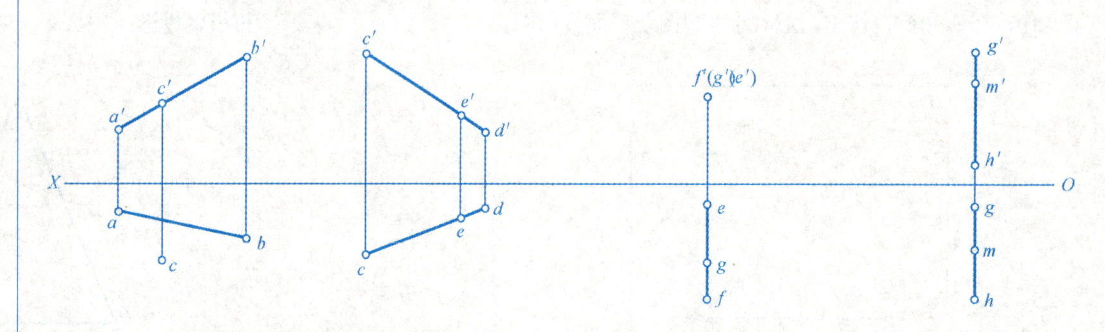

C点______直线AB上　　E点______直线CD上　　G点______直线EF上　　M点______直线GH上

3. 已知直线CD及E点、F点的两面投影，试作图判别E、F点是否在直线上。

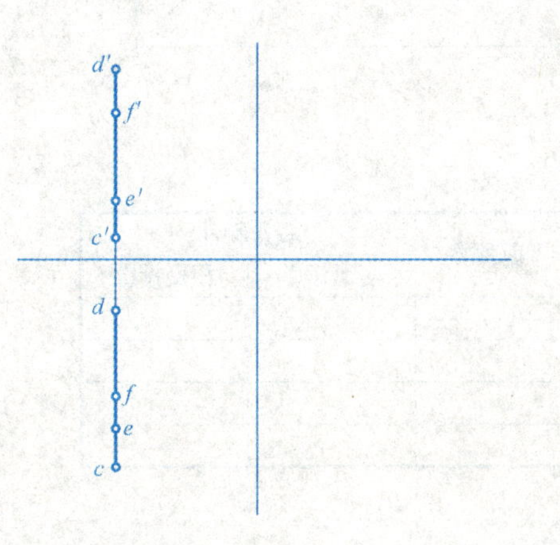

4. 已知G点、H点在直线EF上，补画所缺少的投影。

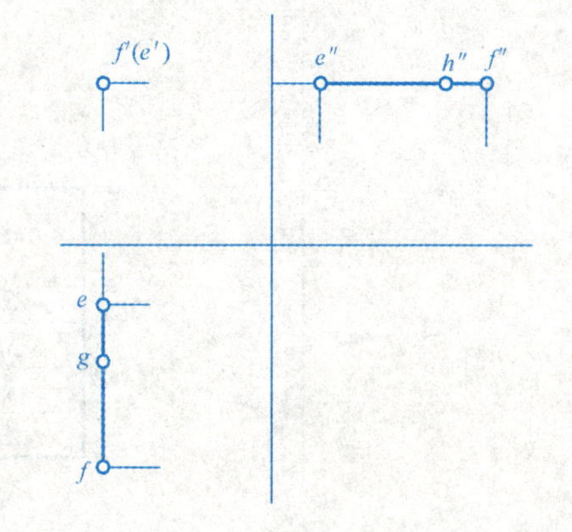

5. 已知直线AB的投影ab、a′b′，试求直线AB上的F点的三面投影，F点离H面和W面的距离相等。

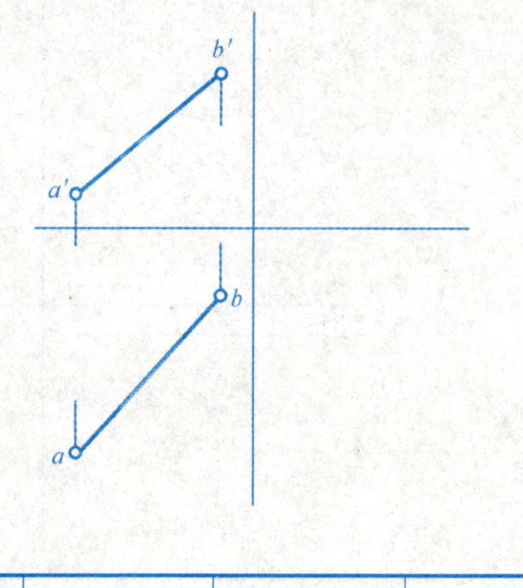

项目二　正投影	班级		姓名		学号		审阅	

四、平面的投影（一）

1. 已知三角形各顶点的坐标为A（35，10，10）、B（20，25，10）、C（10，15，30），作出△ABC的直观图及三面投影图。

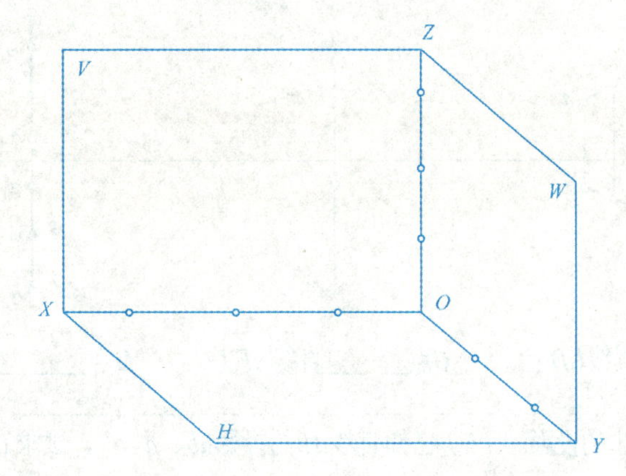

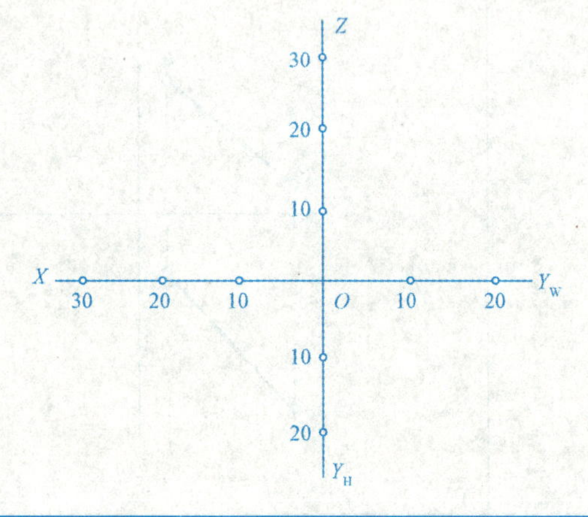

2. 指出三棱锥各棱面都是何种平面（位置名称），并注出投影中的实形投影和积聚投影。

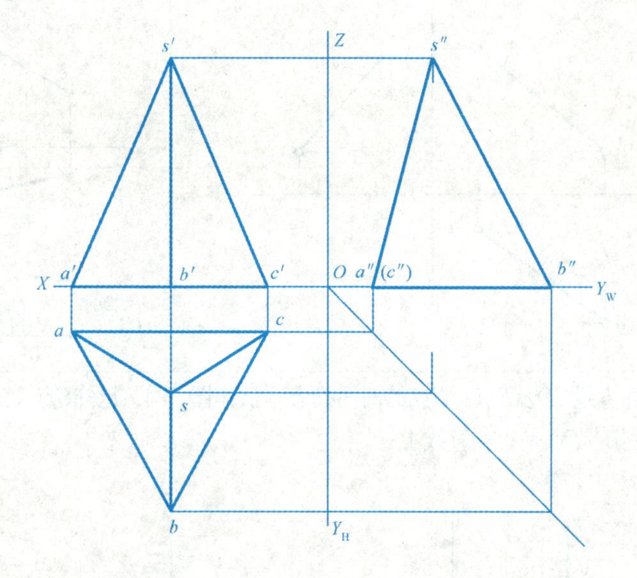

平面	平面种类	投影特性	
		实形投影	积聚投影
SAB			
SBC			
SAC			
ABC			

项目二　正投影	班级		姓名		学号		审阅	

3. 指出下列各平面的空间位置（填在横线上）。

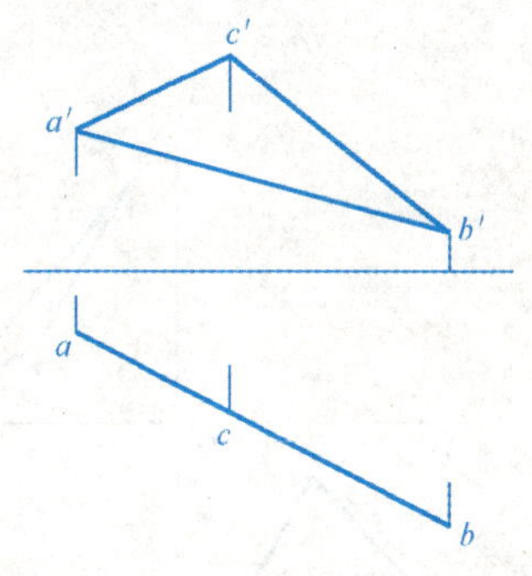

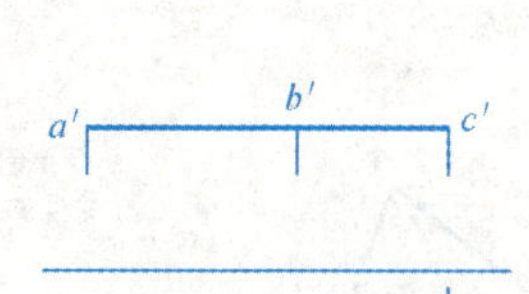

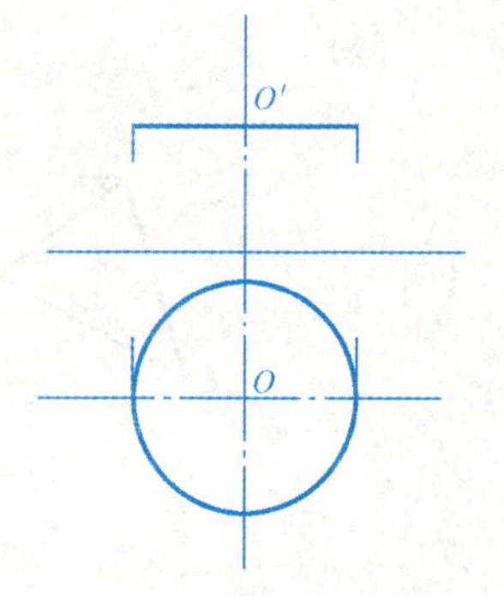

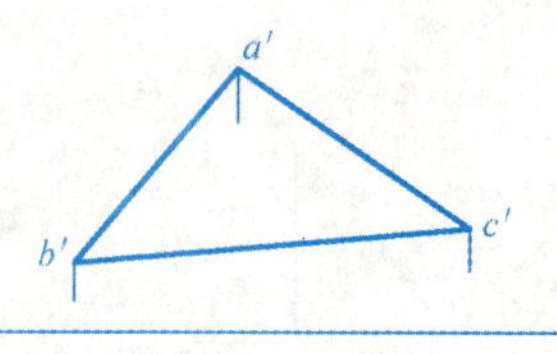

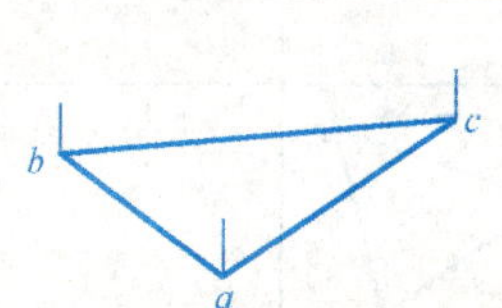

4. 补全第三面投影，并在横线上注明平面的空间位置。

（1）

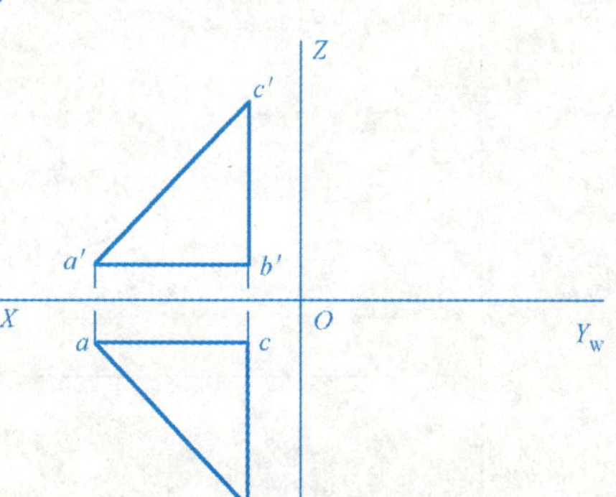

（2）

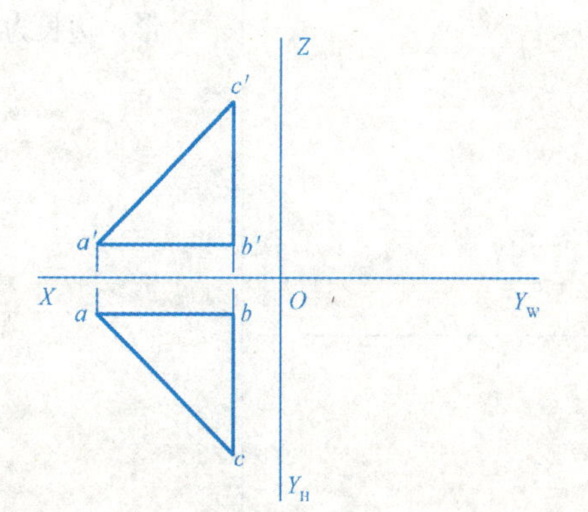

（3）

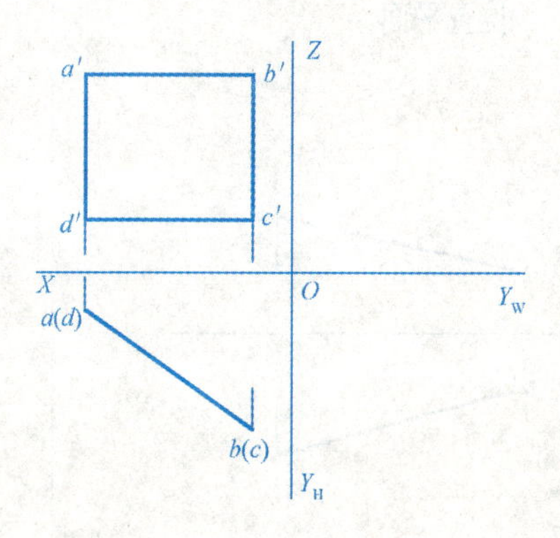

四、平面的投影（三）

5. 补全第三面投影，并指出平面的空间位置。

（1）

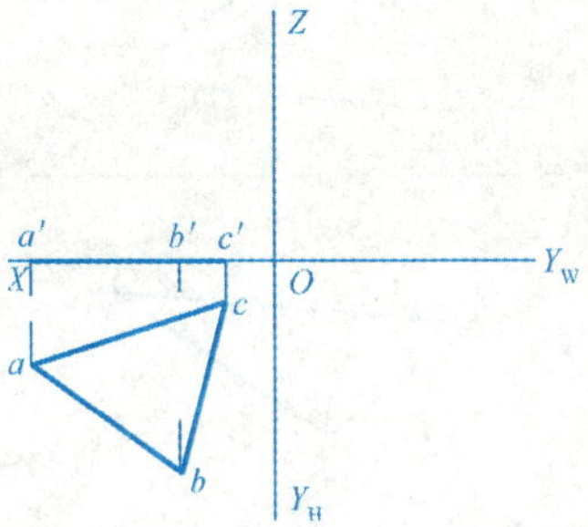

（2）

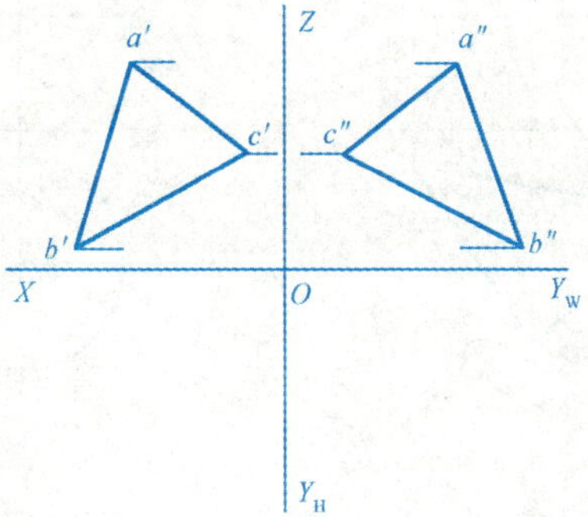

（3）

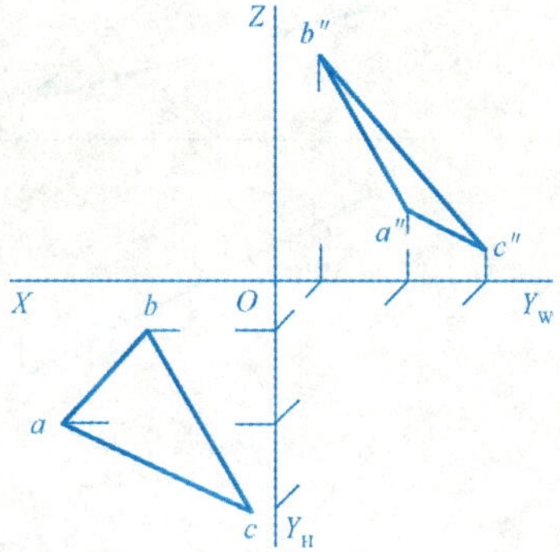

6. 以直线*AB*为边，作一个一般位置平面。

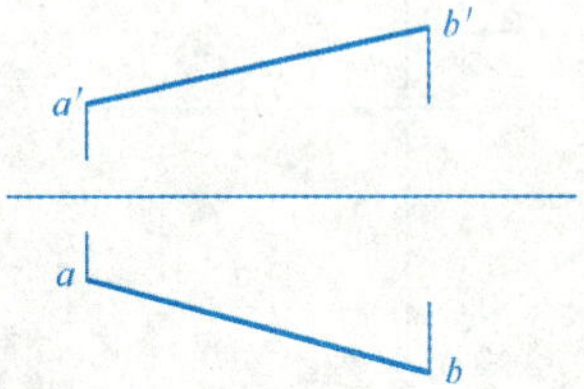

7. 过*A*点作铅垂面（β=30°）。

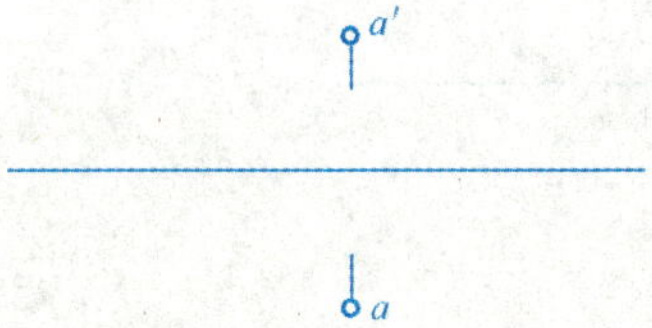

8. 过*B*点作平行于*V*面的等边三角形，边长为20 mm。

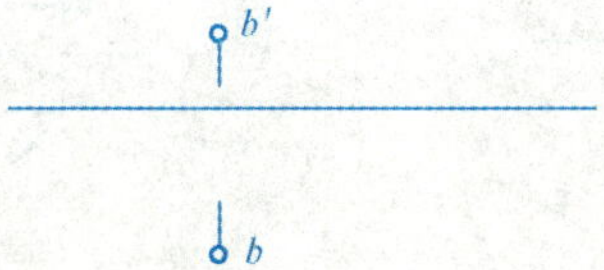

9. 过*A*、*B*两点作*V*面垂直面。

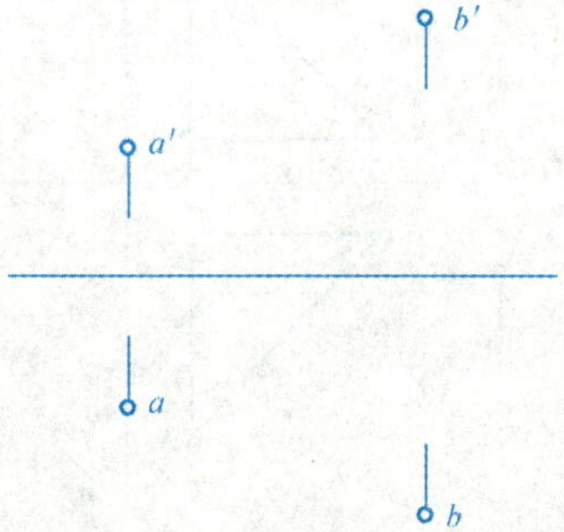

项目二　正投影	班级		姓名		学号		审阅	

五、拓展练习——平面上的直线和点（一）

1. K点在所给平面上，并已知其一个投影，求作K点的其他投影。

（1）

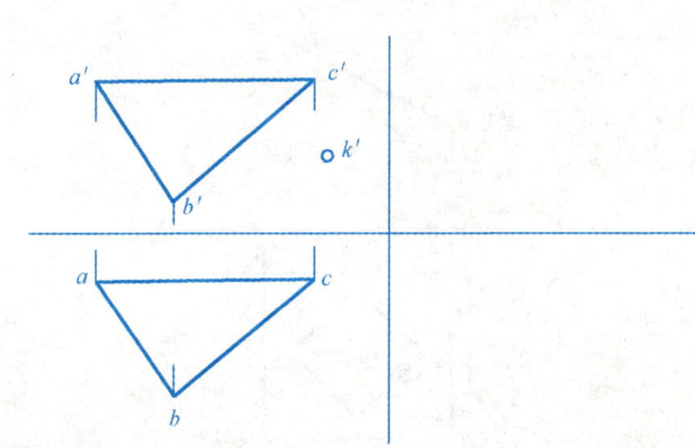

（2）

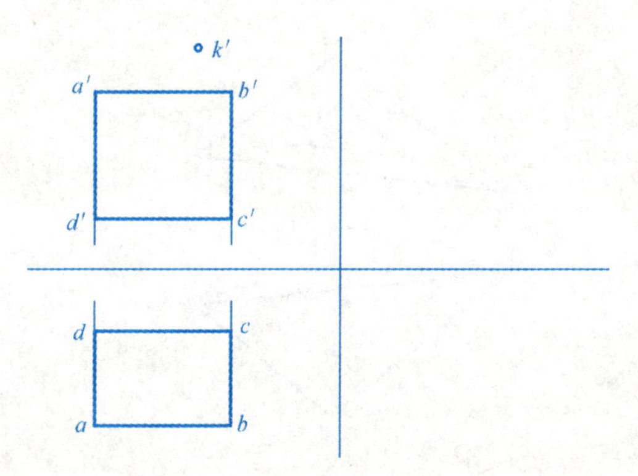

2. 直线EF在△ABC平面上，已知直线EF的一个投影，试求另一个投影。

（1）

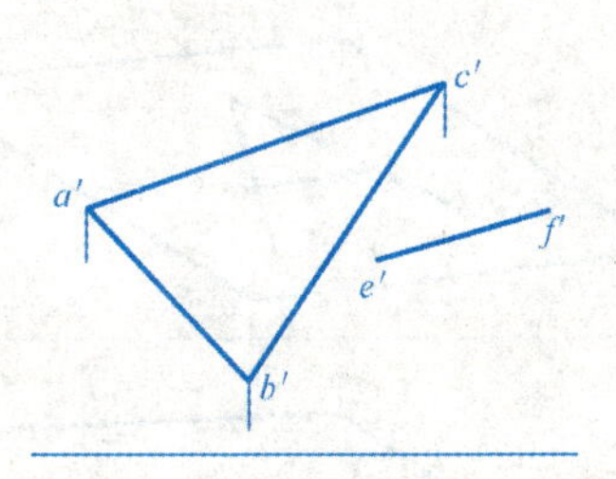

（2）

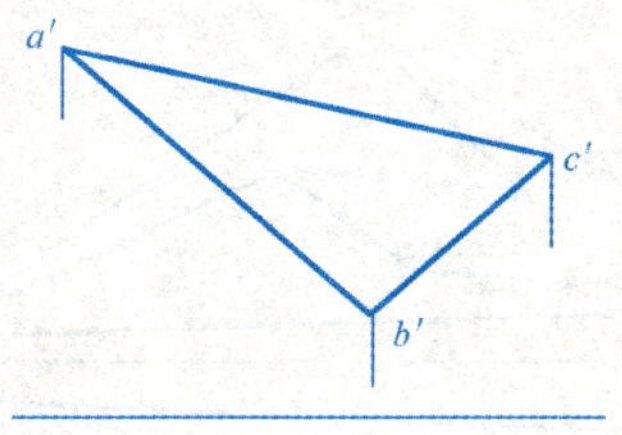

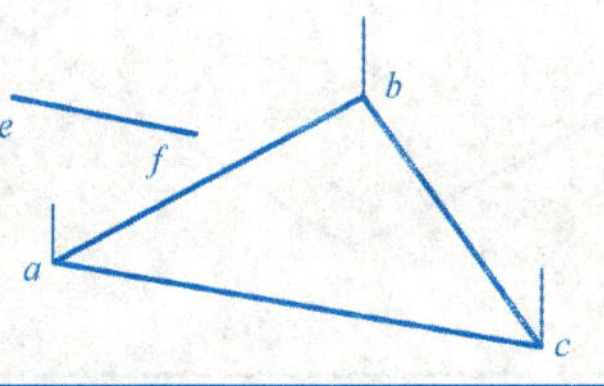

项目二　正投影	班级		姓名		学号		审阅	

五、拓展练习——平面上的直线和点（二）

3. 已知位于所给平面上的图形（或图线）的一个投影，试求另一个投影（注上字母）。

（1）

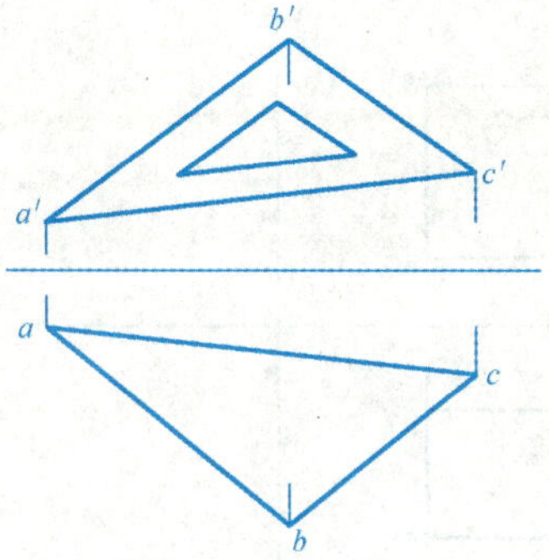

（2）

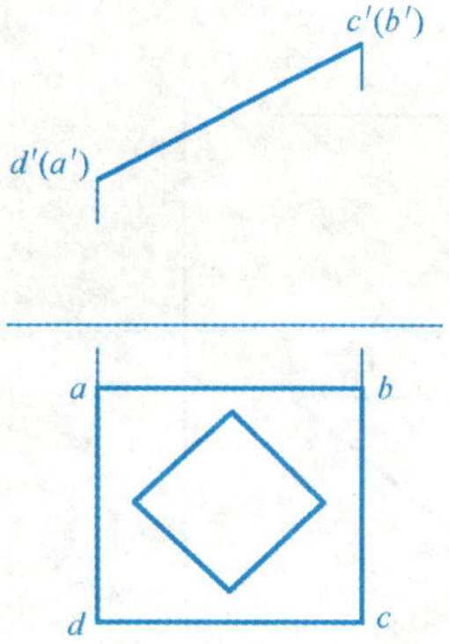

（3）

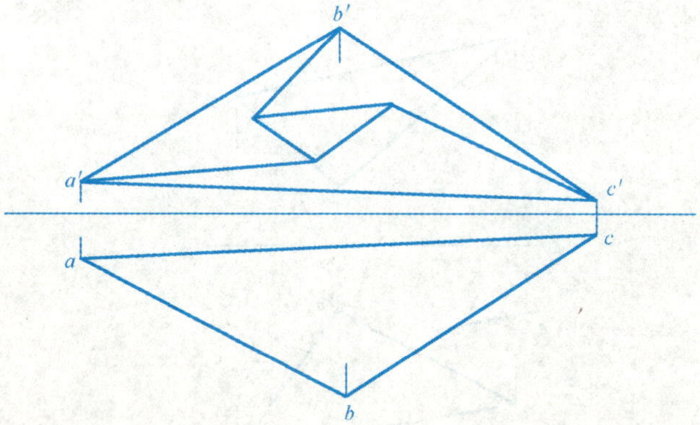

（4）

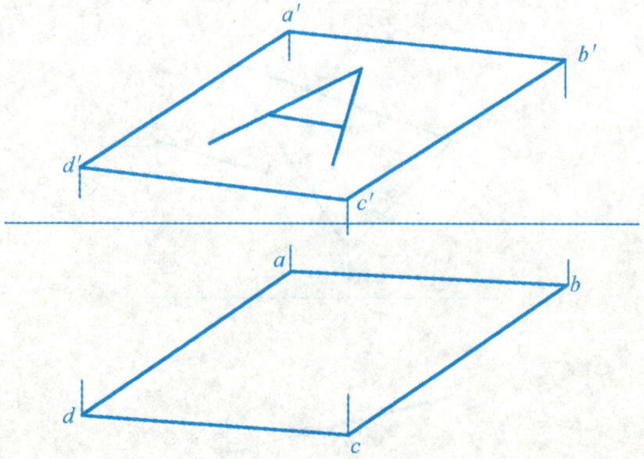

项目二　正投影	班级		姓名		学号		审阅	

五、拓展练习——平面上的直线和点（三）

4．判别M、N两点是否在ABC平面上。

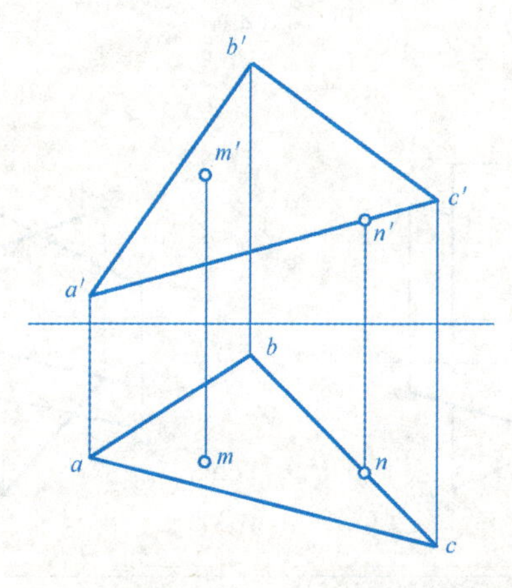

5．完成平面$ABCDE$的两面投影。

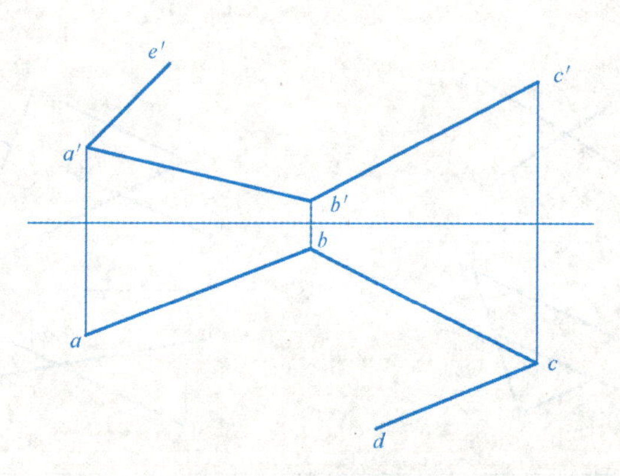

6．已知△ABC及其上一点K的投影k'，试求点K的另一投影k。

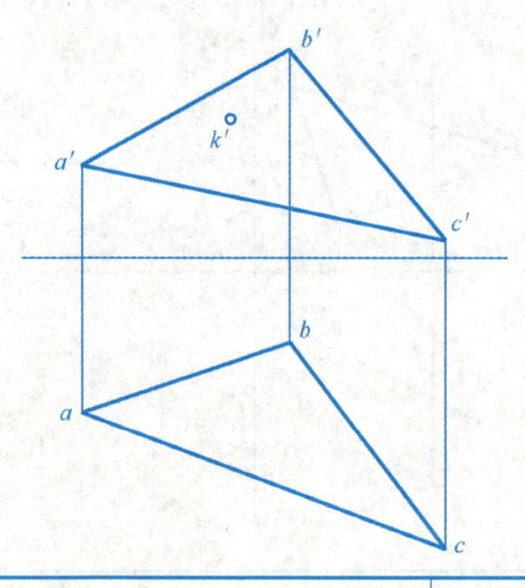

7．试求ABC平面上一点D的投影，已知点D的位置比点B低10 mm，并在点B前13 mm。

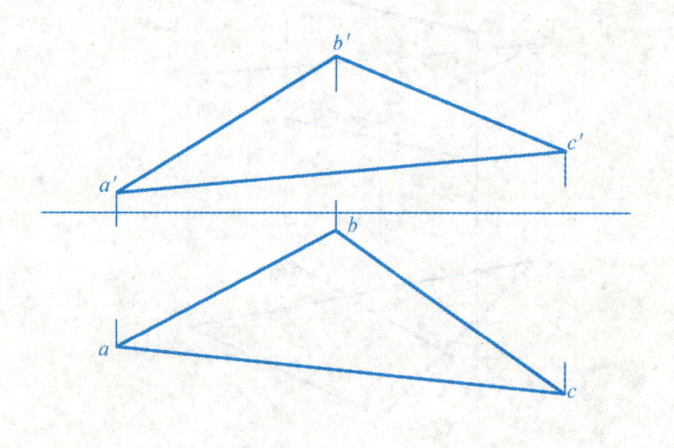

项目二　正投影	班级		姓名		学号		审阅	

六、直线与平面、平面与平面相交（直线与特殊位置平面相交）

1. 求下列直线与平面相交的交点K的投影，并判别其可见性。

（1）

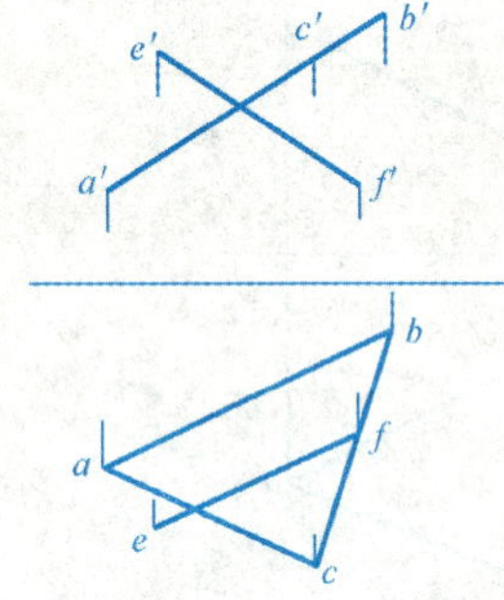

（2）

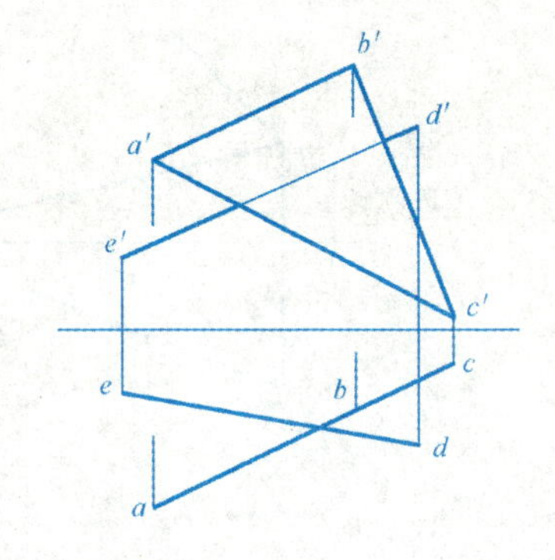

（3）

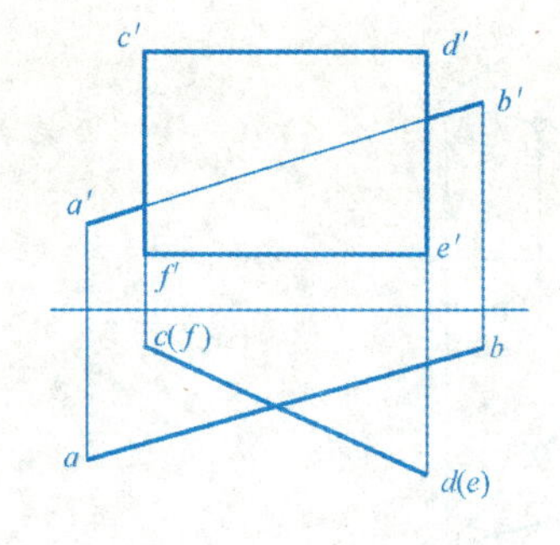

（4）

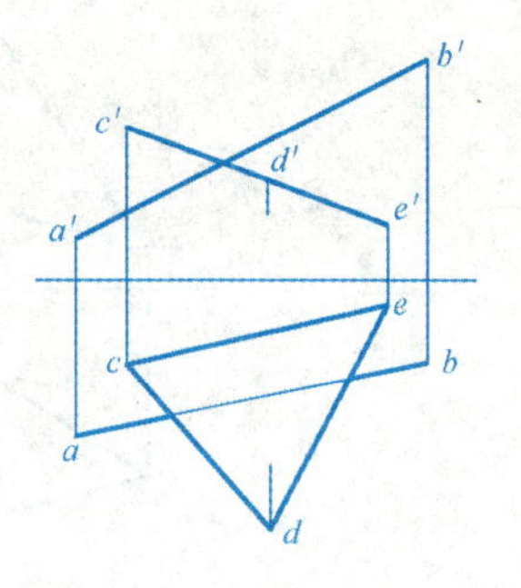

2. 已知△ABC与四边形DEFG相交，求交线的投影。

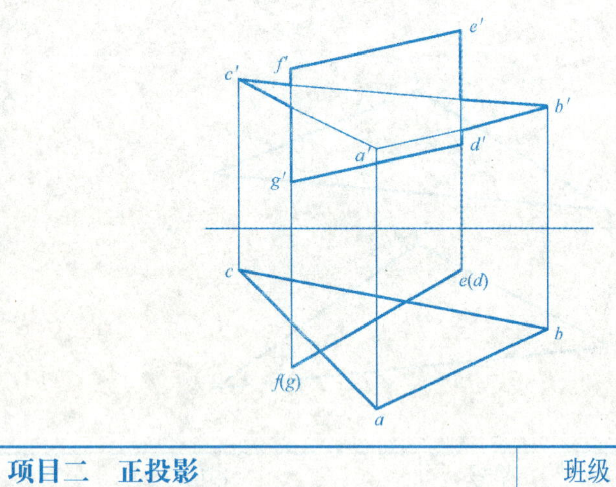

3. 求直线EF与△ABC相交的交点K的投影，并判别其可见性。

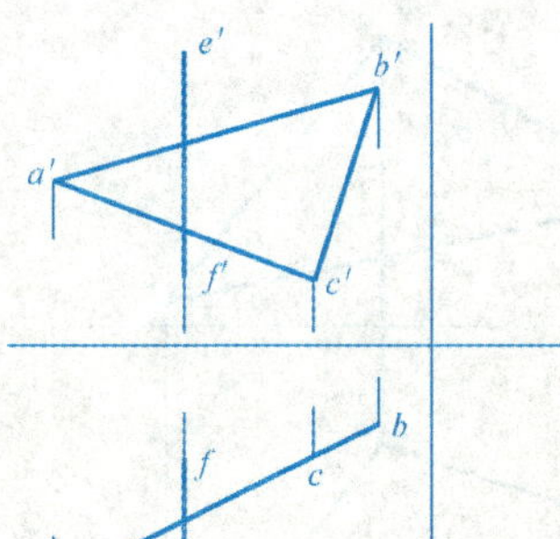

项目二　正投影	班级		姓名		学号		审阅	

七、直线与平面、平面与平面相交（一般位置平面与特殊位置平面相交）

求下列相交两平面交线的投影，并判别其可见性。

（1）

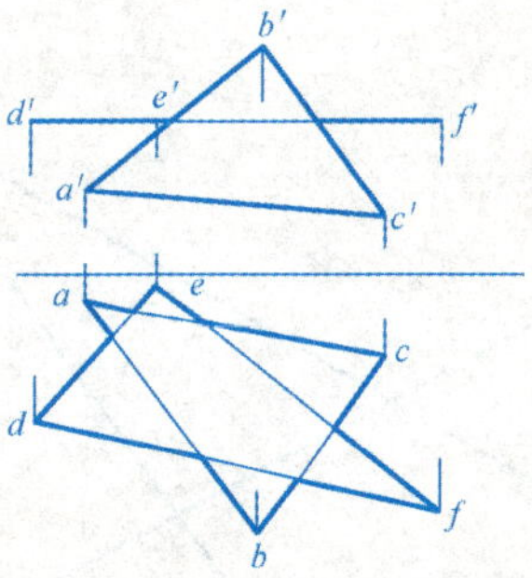

（2）

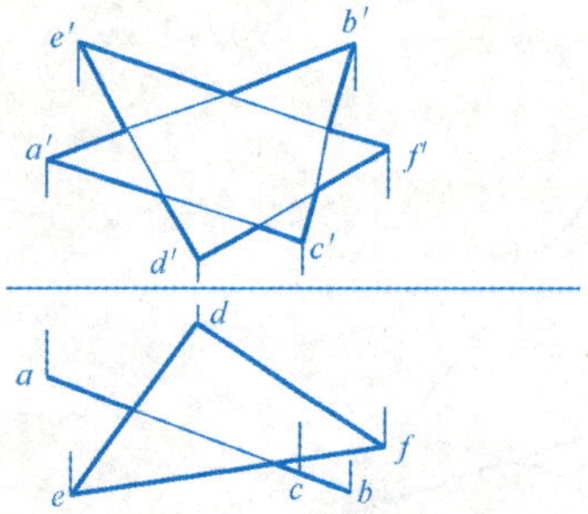

（3）

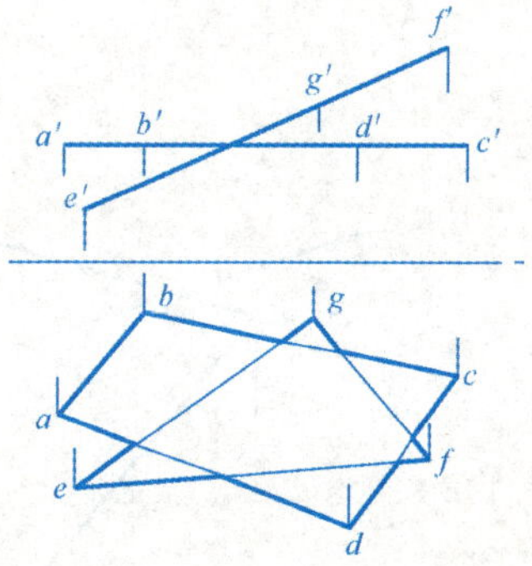

（4）

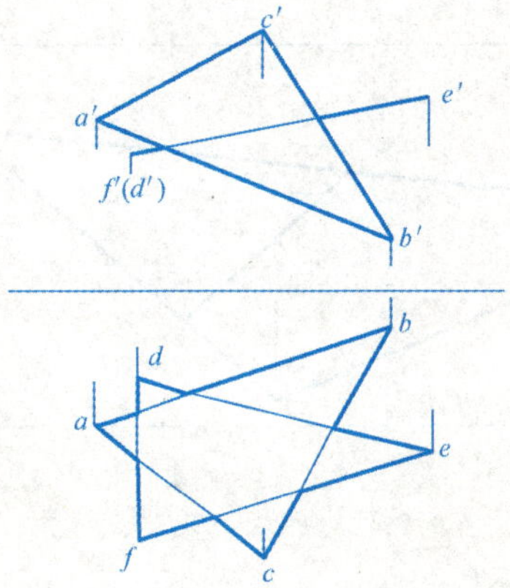

（5）

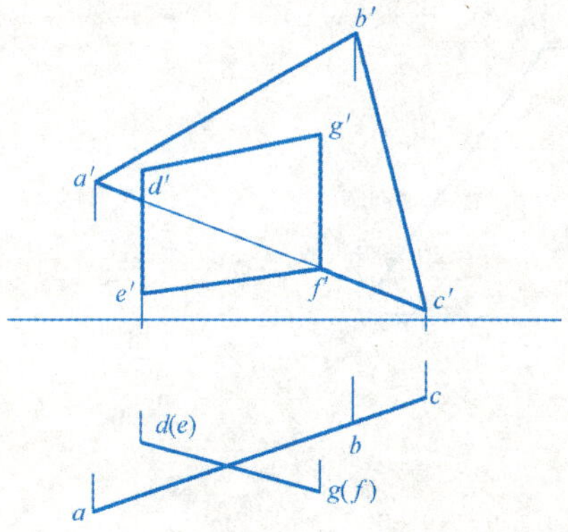

（6）

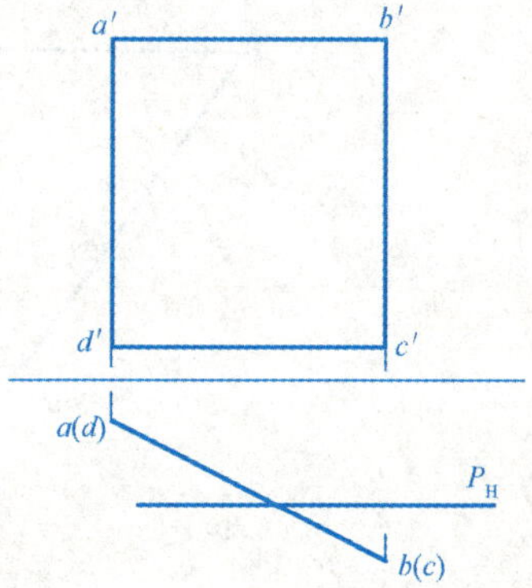

项目二　正投影	班级		姓名		学号		审阅	

八、拓展练习——直线与平面、平面与平面相交（一般位置平面与特殊位置平面相交）

求下列相交两平面交线的投影，并用线段表示其可见性。

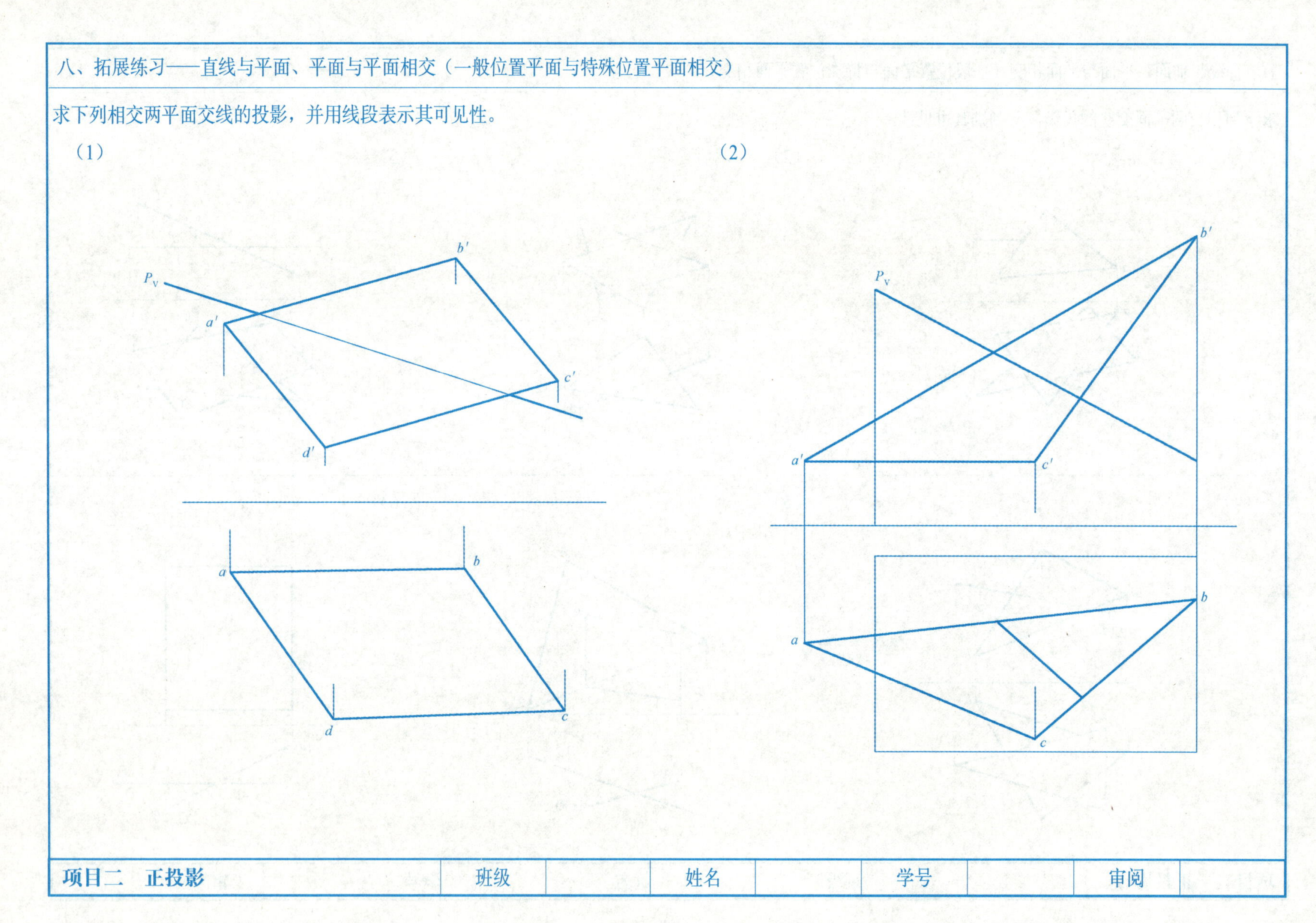

项目二　正投影	班级		姓名		学号		审阅	

九、拓展练习——直线与平面、平面与平面相交（直线与一般位置平面相交）

1. 求直线与平面的交点，并判别其可见性。

（1）

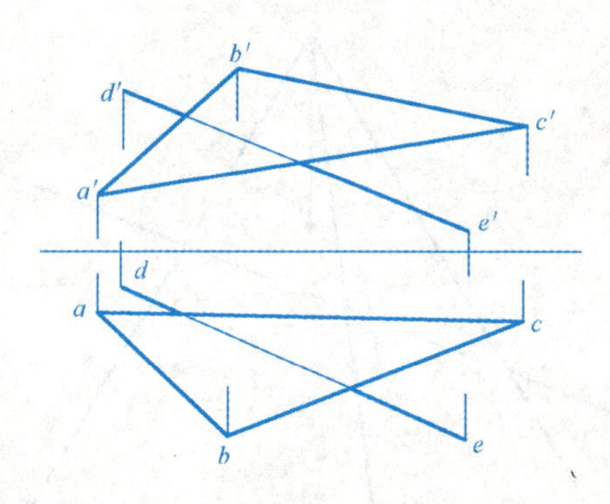

（2）

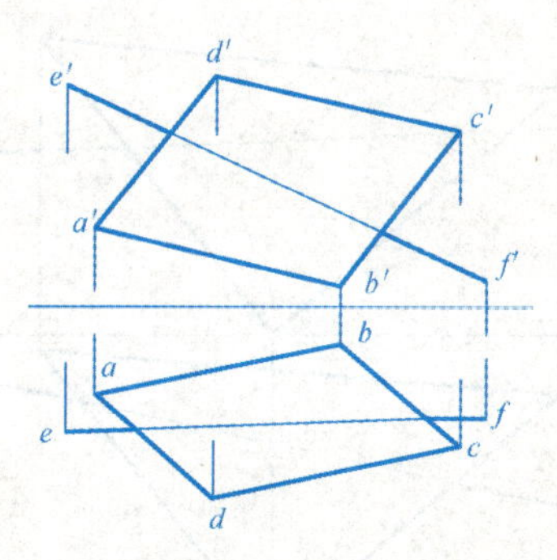

2. 求铅垂线与平面的交点，并判别其可见性。

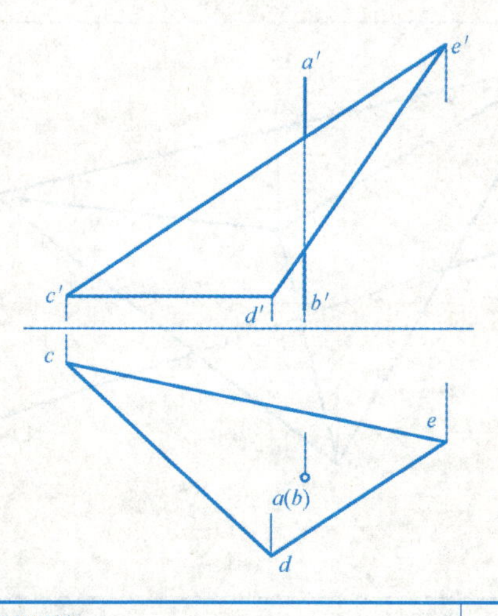

3. 求直线与平面的交点，并判别其可见性。

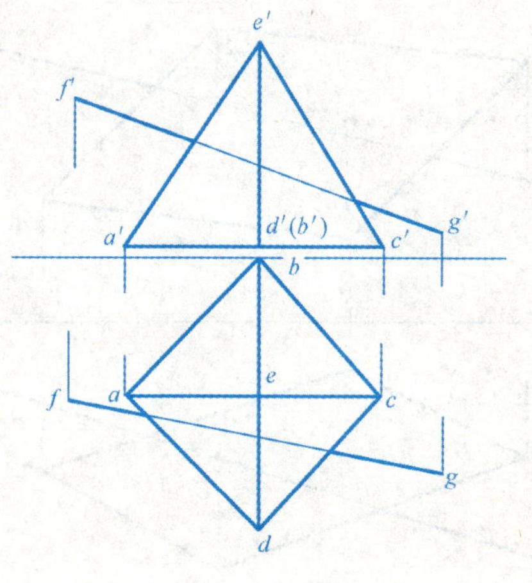

项目二　正投影	班级		姓名		学号		审阅	

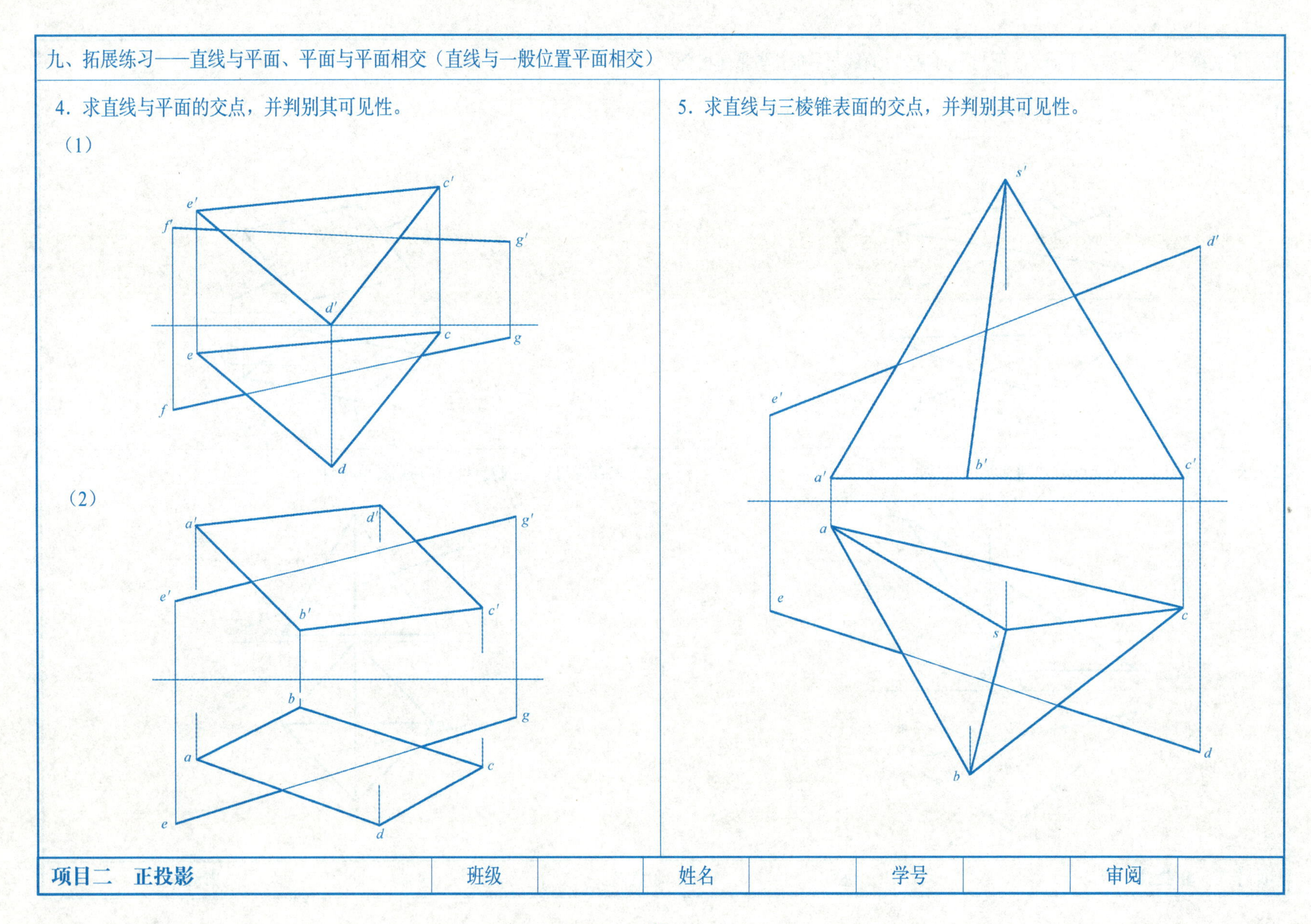
九、拓展练习——直线与平面、平面与平面相交（直线与一般位置平面相交）
4. 求直线与平面的交点，并判别其可见性。
（1）
e′
c′
f′
g′
d′
c
g
e
f
d
（2）
a′
d′
g′
e′
b′
c′
b
g
a
c
e
d
5. 求直线与三棱锥表面的交点，并判别其可见性。
s′
d′
e′
b′
a′
c′
a
e
s
c
b
d
项目二　正投影
班级
姓名
学号
审阅

1. 补绘形体的W面投影，并求出该形体表面上A、B、C三点另外两面的投影。

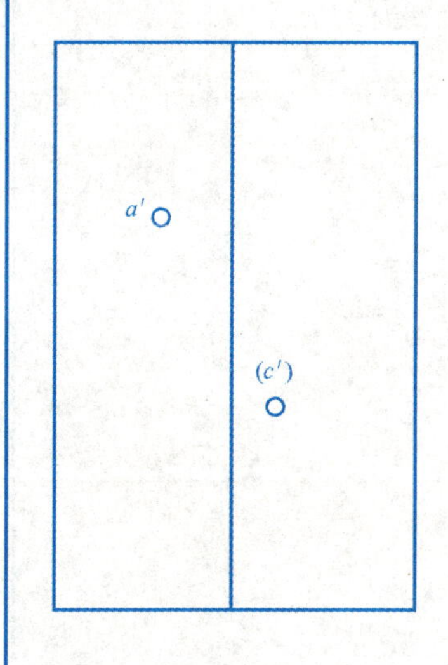

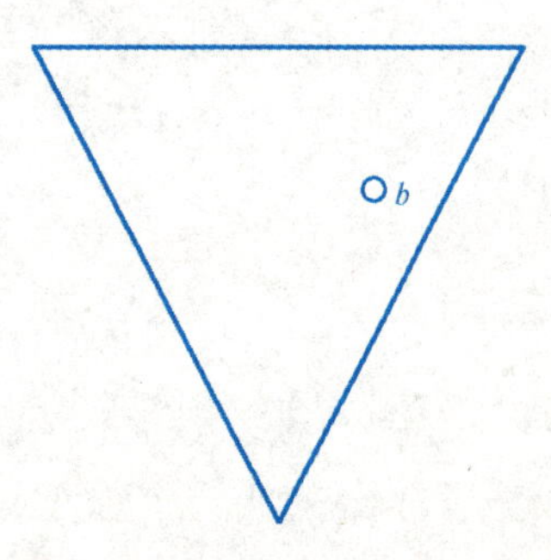

2. 补绘形体的W面投影，并求出该形体表面上折线ABC另外两面的投影。

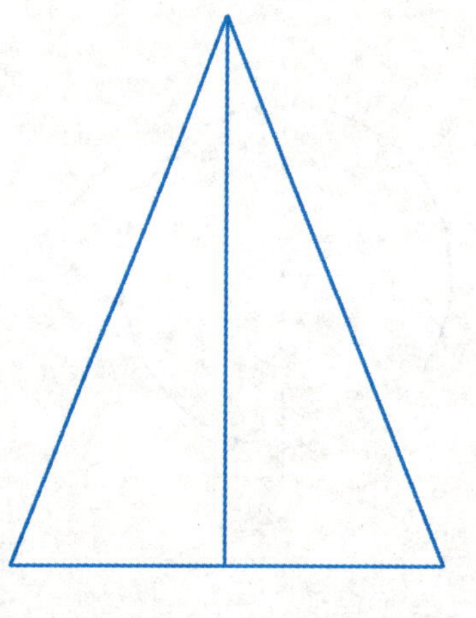

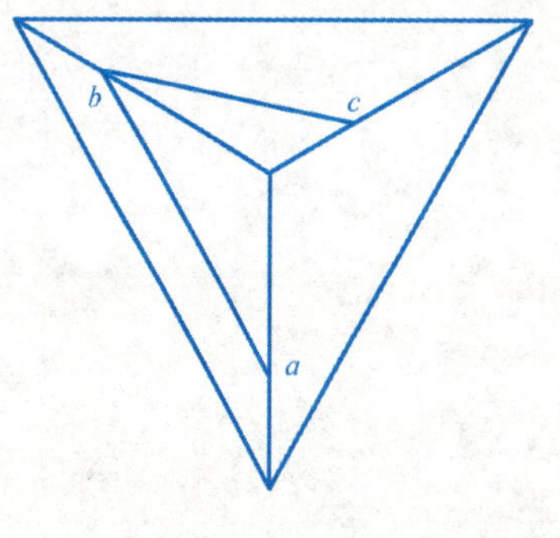

3．补绘曲面体的*H*面投影，并求出该形体表面上各点另外两面的投影。

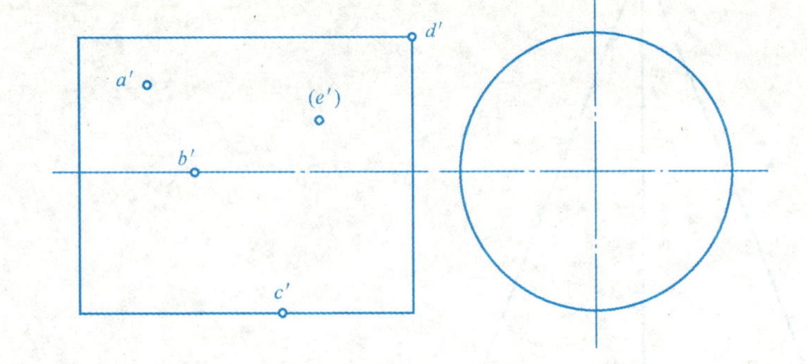

4．补绘圆锥体的*W*面投影，并求出该形体表面上曲线*MN*和*SR*另外两面的投影。

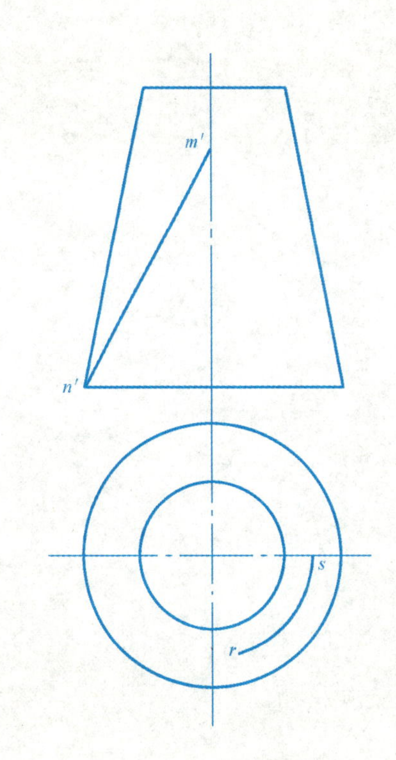

项目二　正投影	班级		姓名		学号		审阅	

十、体的投影（三）

5. 补绘四棱锥的*W*面投影，并求出该形体表面上折线*ABCDE*另外两面的投影。

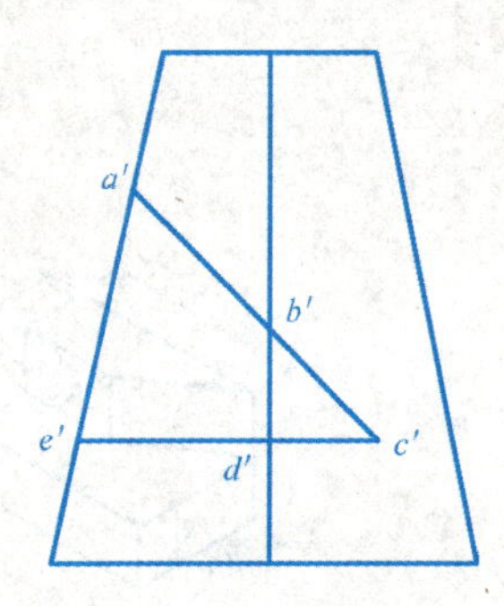

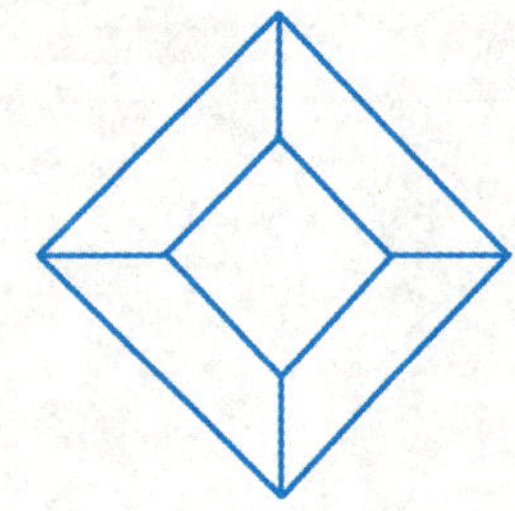

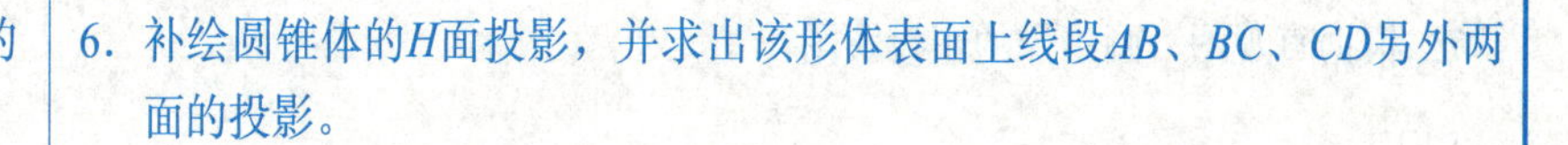

6. 补绘圆锥体的*H*面投影，并求出该形体表面上线段*AB*、*BC*、*CD*另外两面的投影。

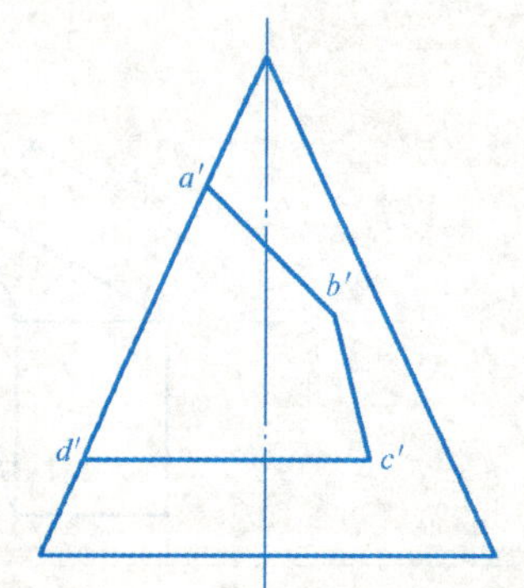

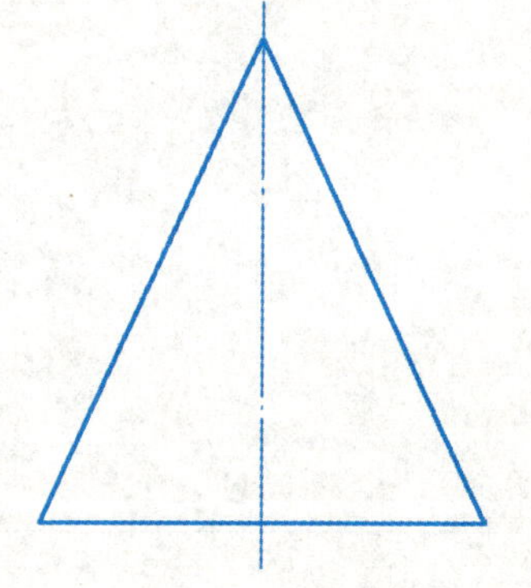

项目二　正投影	班级		姓名		学号		审阅	

7. 根据直观图，画出体的正投影图。

（1）

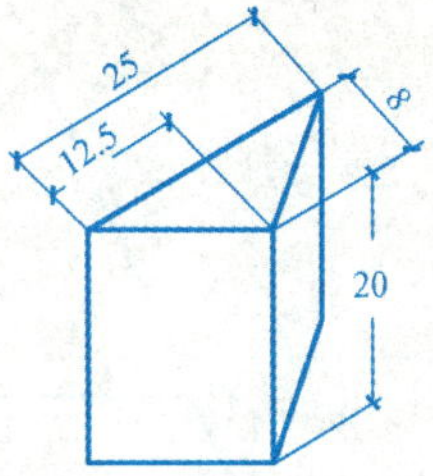

（2）

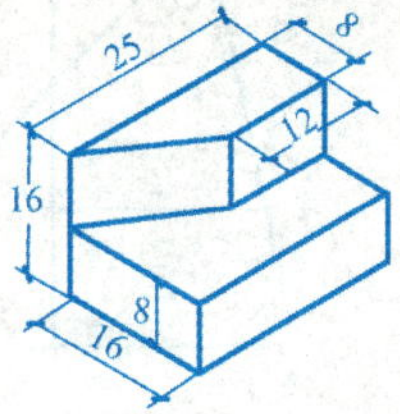

（3）

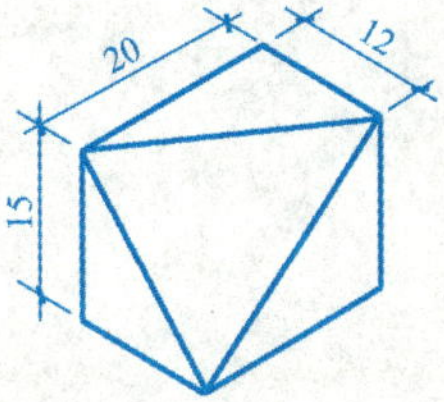

（4）

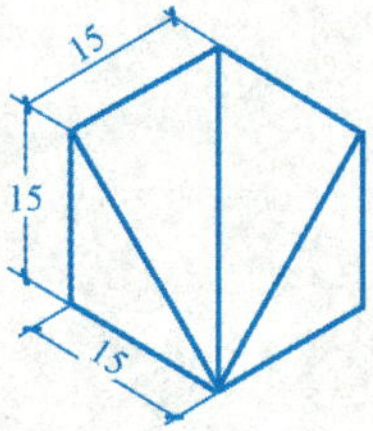

项目二　正投影	班级		姓名		学号		审阅	

十、体的投影（五）

（5）

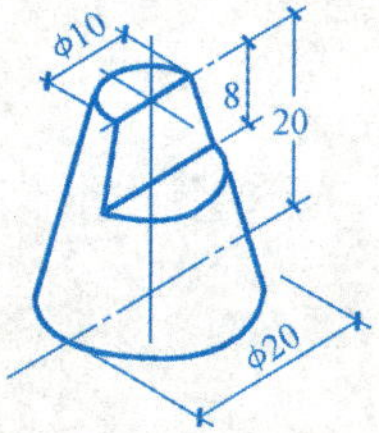

（6）

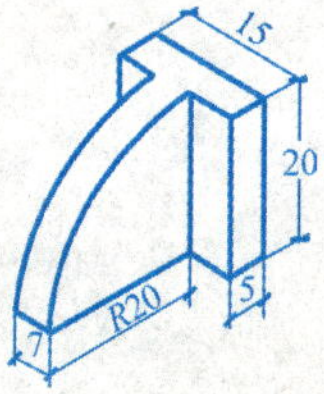

（7）

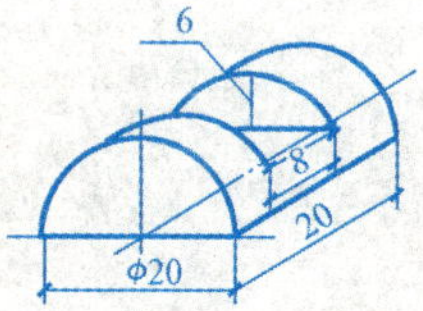

（8）

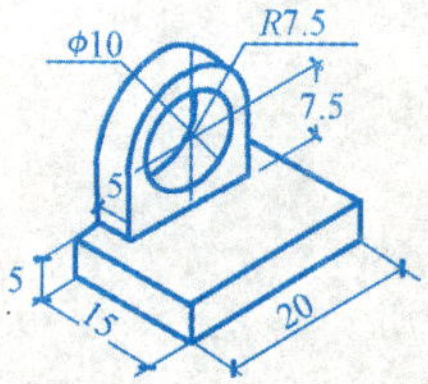

项目二　正投影	班级		姓名		学号		审阅	

十、体的投影（六）

（9）

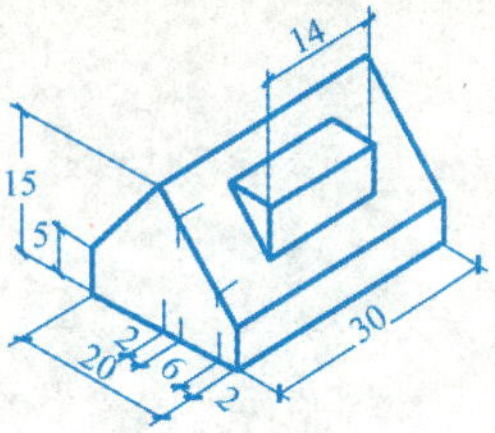

（10）

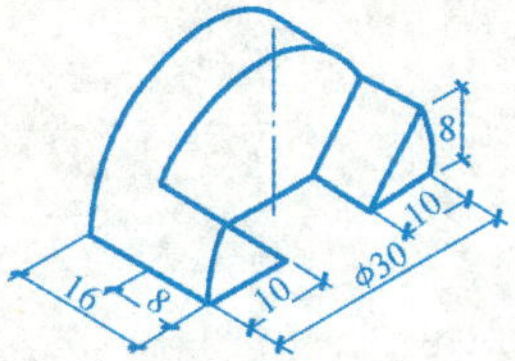

（11）

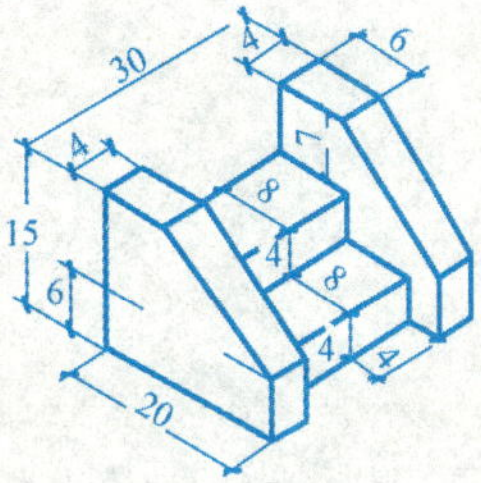

（12）

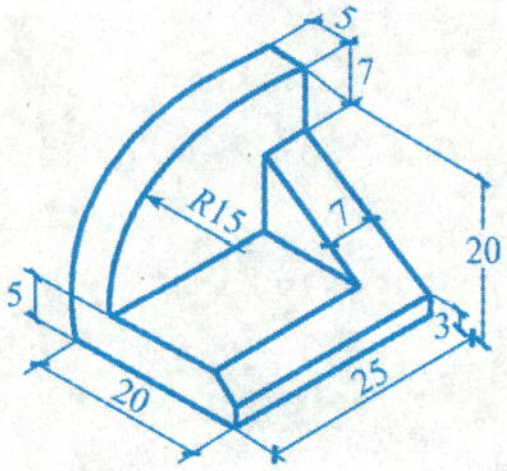

项目二　正投影	班级		姓名		学号		审阅	

十、体的投影（七）

（13）

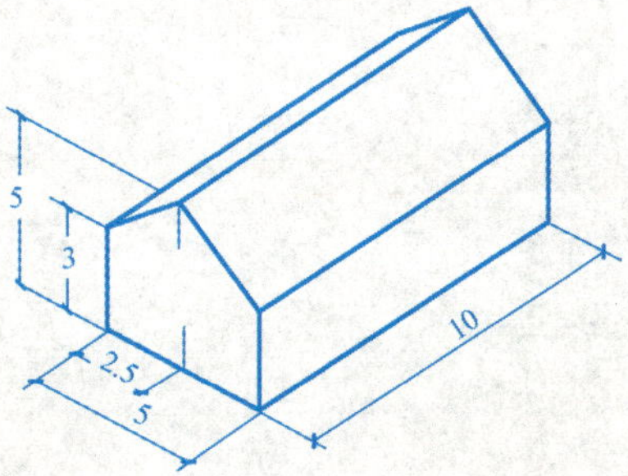

（14）

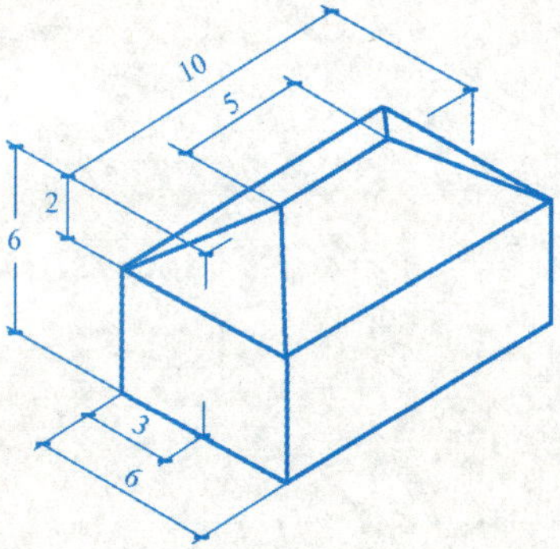

项目二　正投影	班级		姓名		学号		审阅	

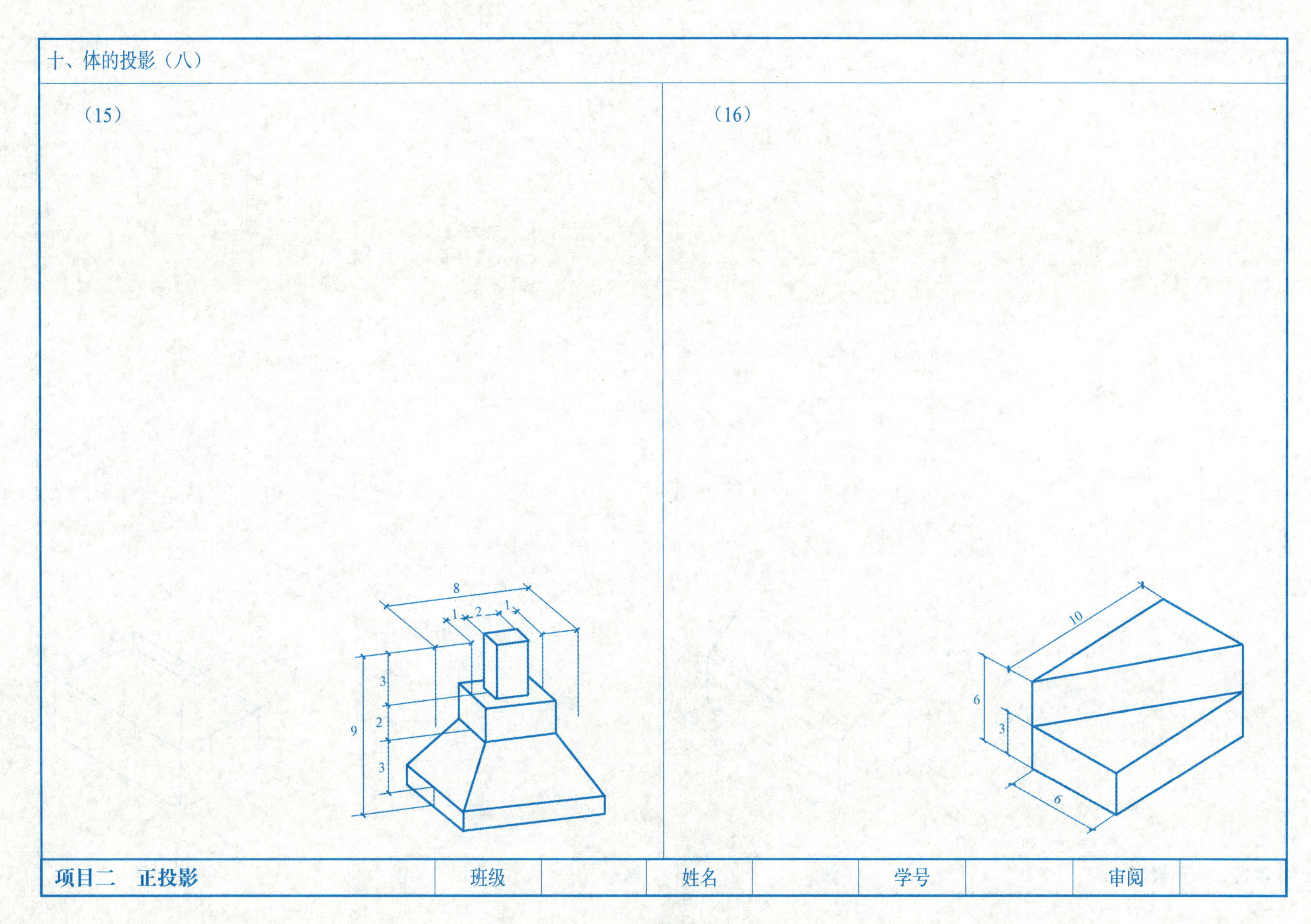
十、体的投影（八）
（15）
（16）
8
1
2
1
3
2
9
3
10
6
3
6
项目二　正投影
班级
姓名
学号
审阅

十、体的投影（九）

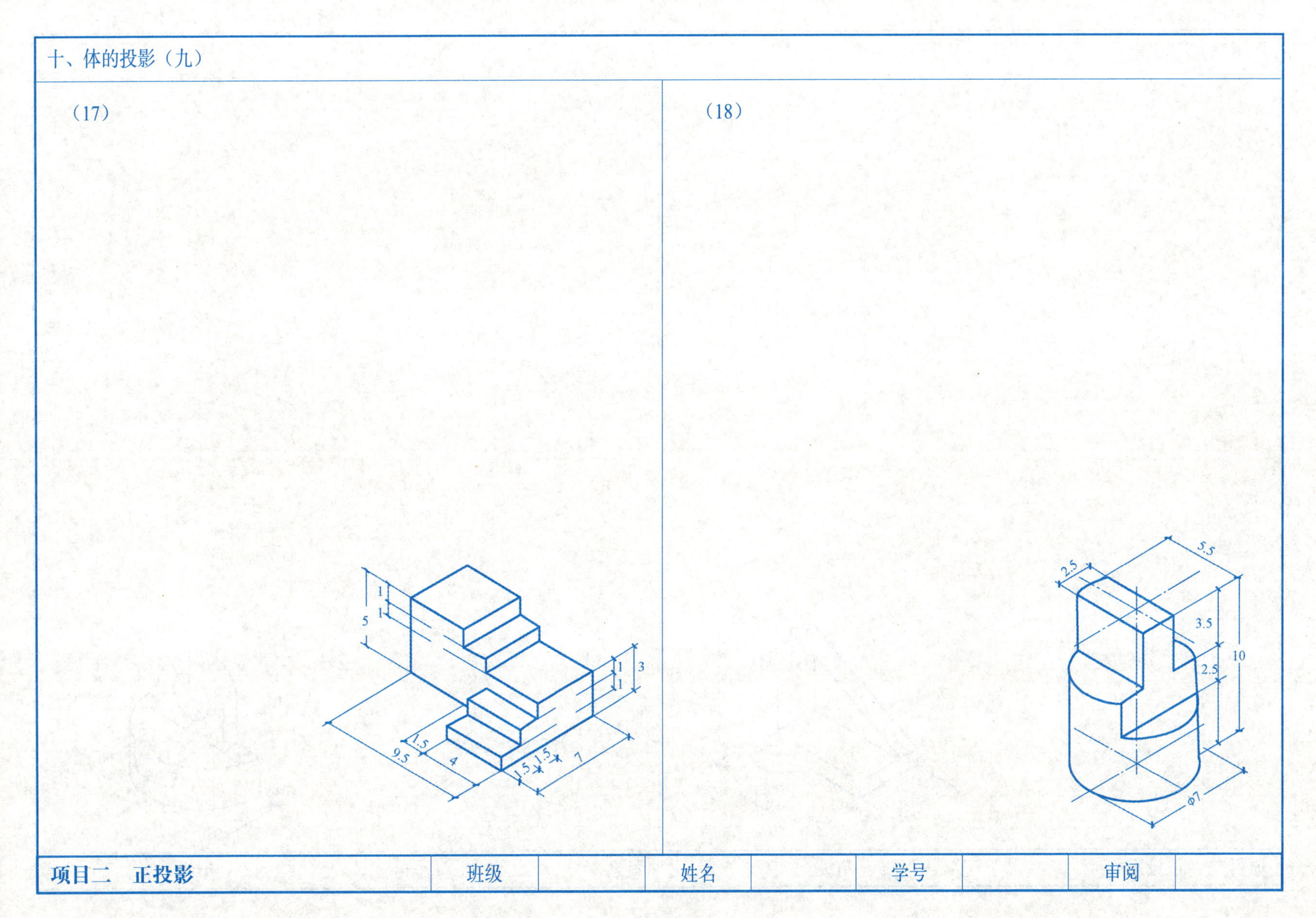

项目二　正投影	班级		姓名		学号		审阅	

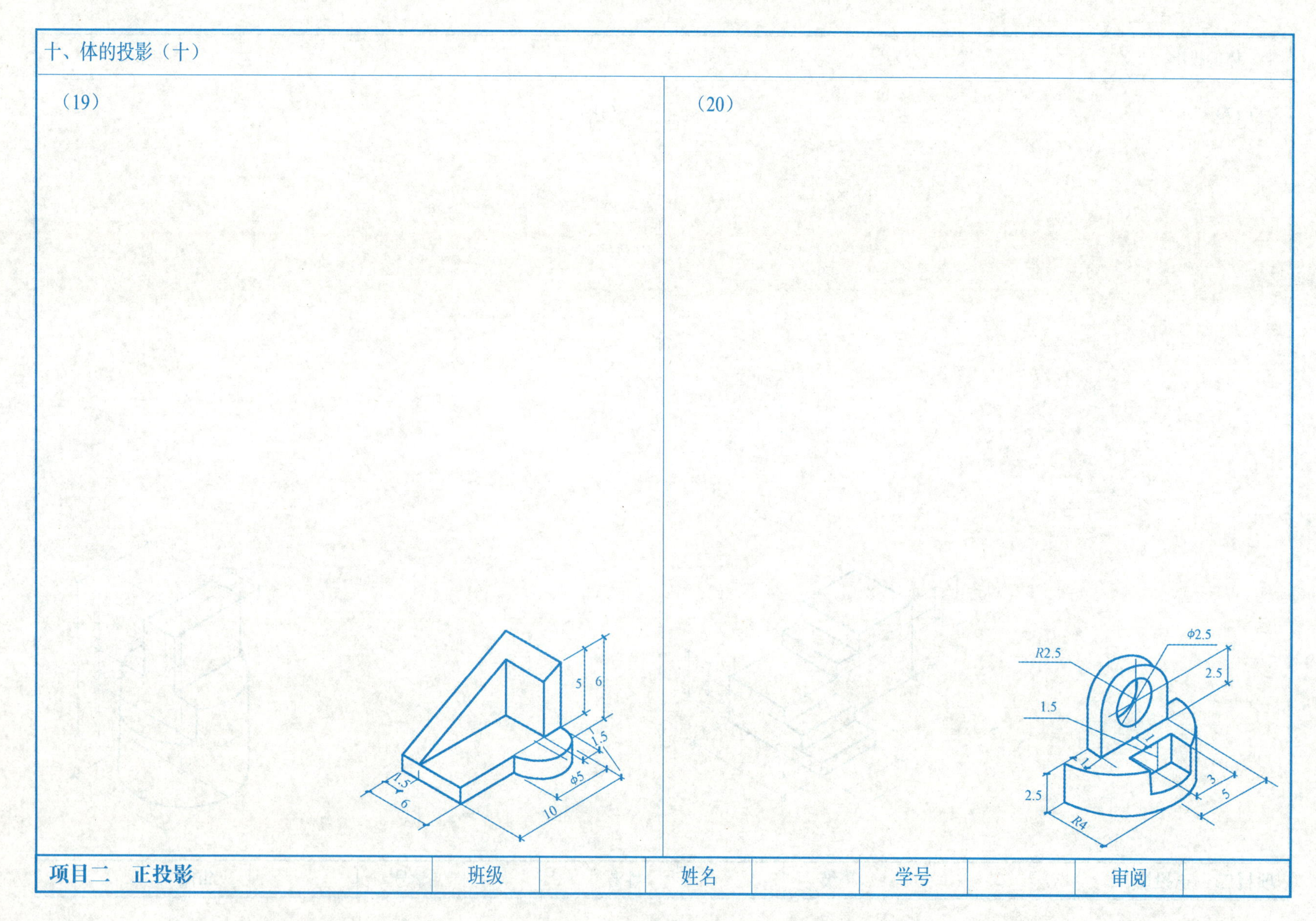
十、体的投影（十）
（19）
（20）
5
6
1.5
1.5
φ5
10
6
φ2.5
R2.5
2.5
1.5
1
1
3
5
2.5
R4
项目二　正投影
班级
姓名
学号
审阅

十、体的投影（十一）

8．根据直观图找投影图。

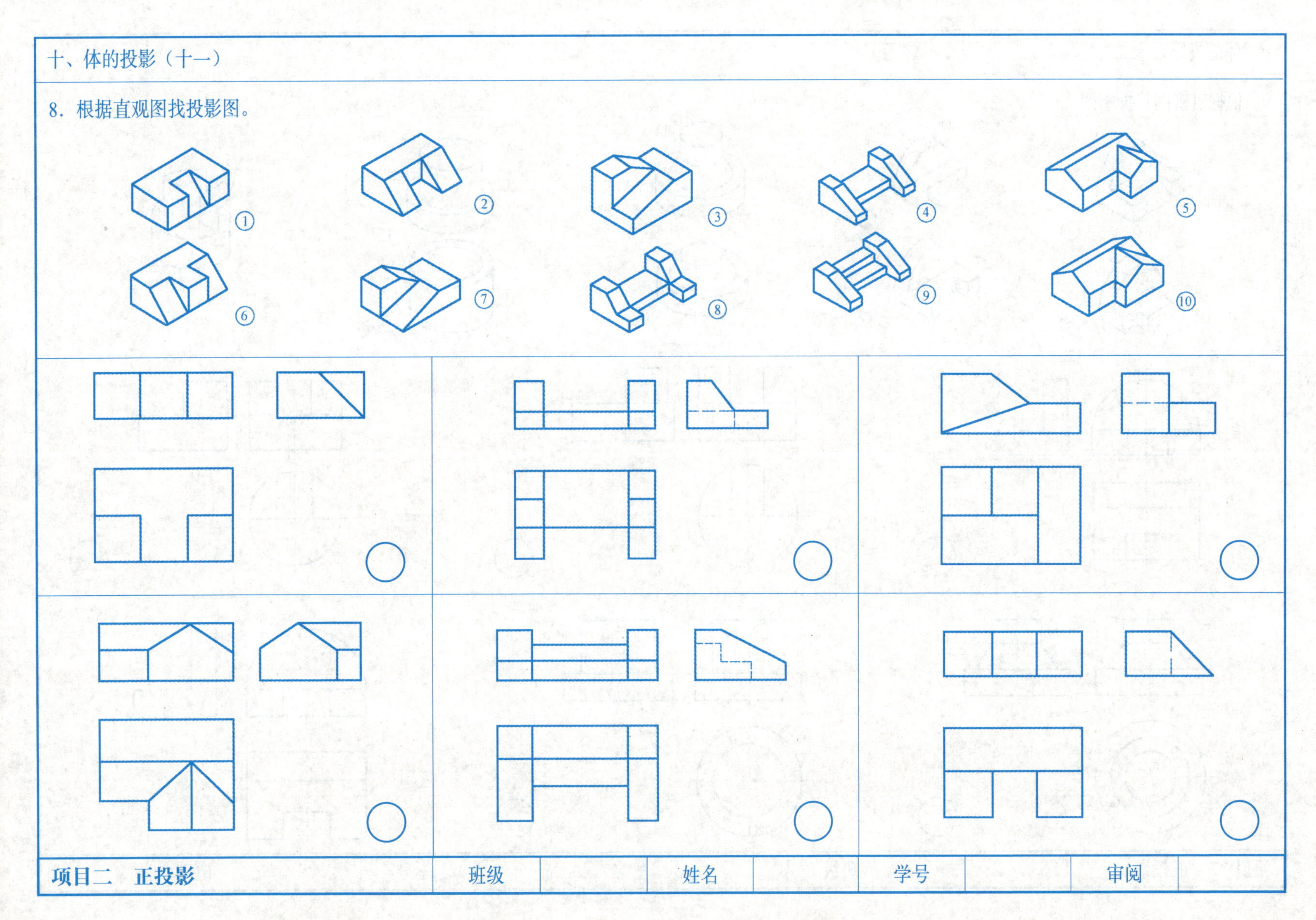

项目二　正投影	班级		姓名		学号		审阅	

9. 根据直观图找投影图。

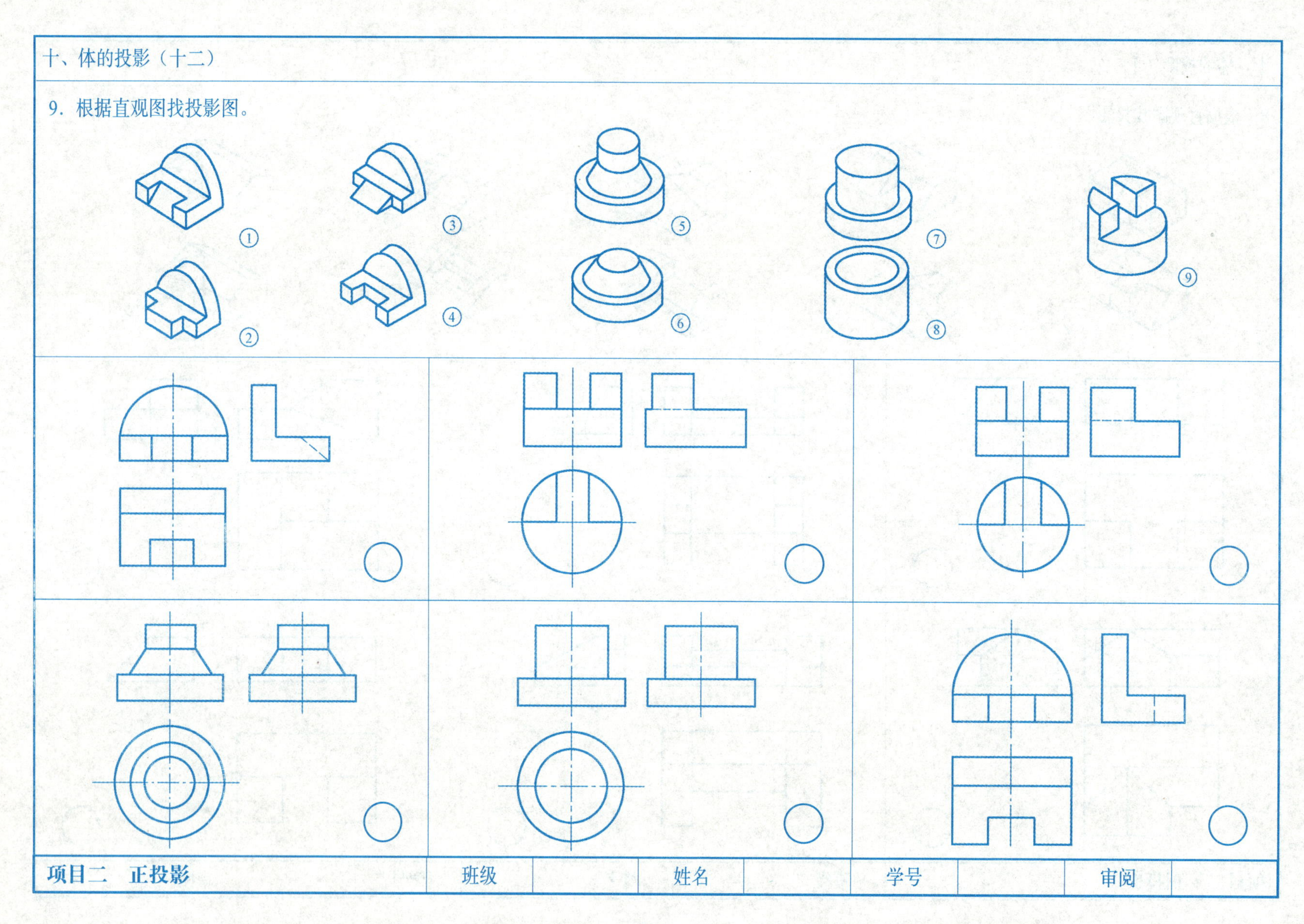

项目二　正投影	班级		姓名		学号		审阅	

十一、体的截交线与相贯线（一）

1. 求下列形体截交线的投影。

（1） （2）

（3） （4）

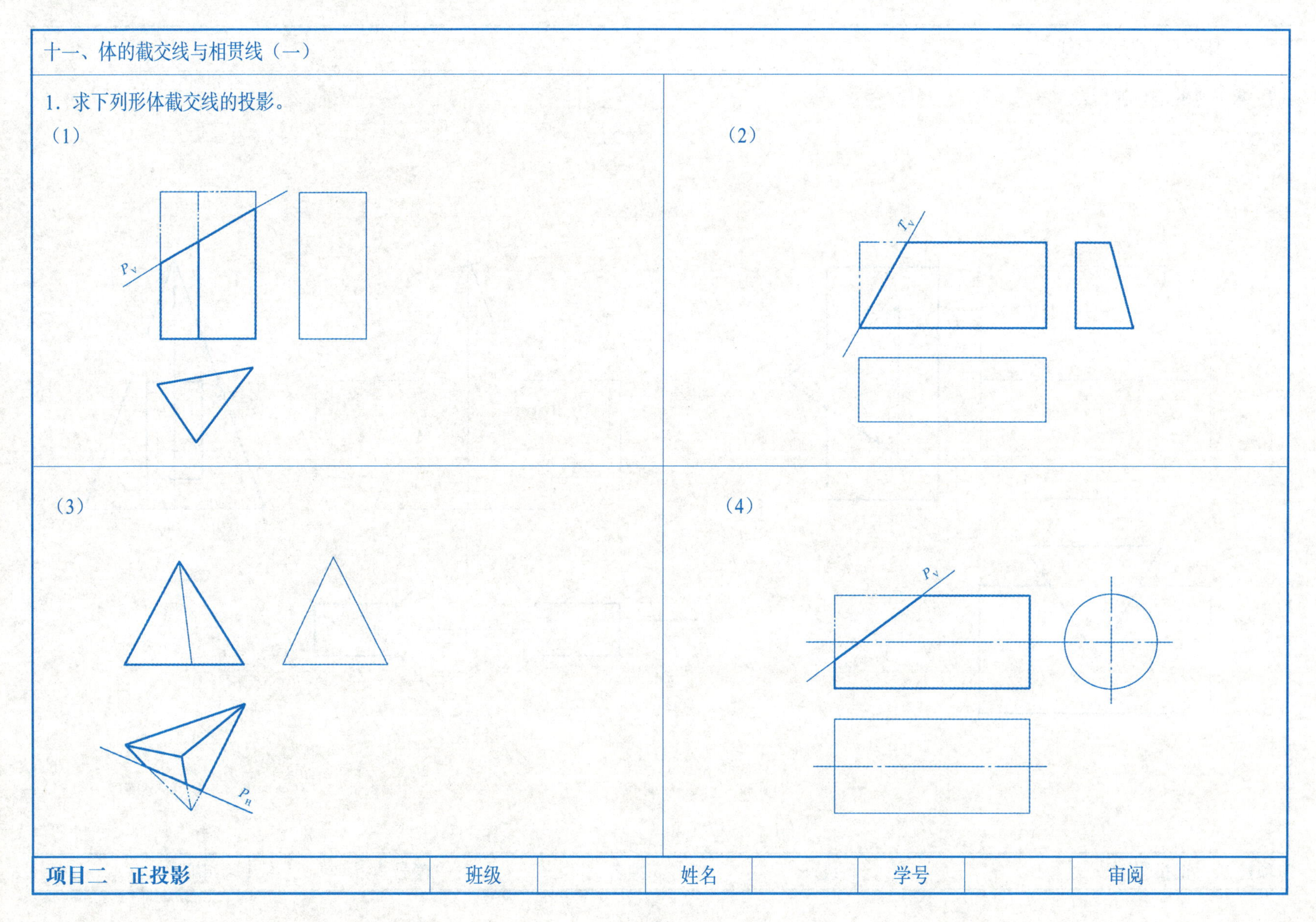

项目二　正投影	班级		姓名		学号		审阅	

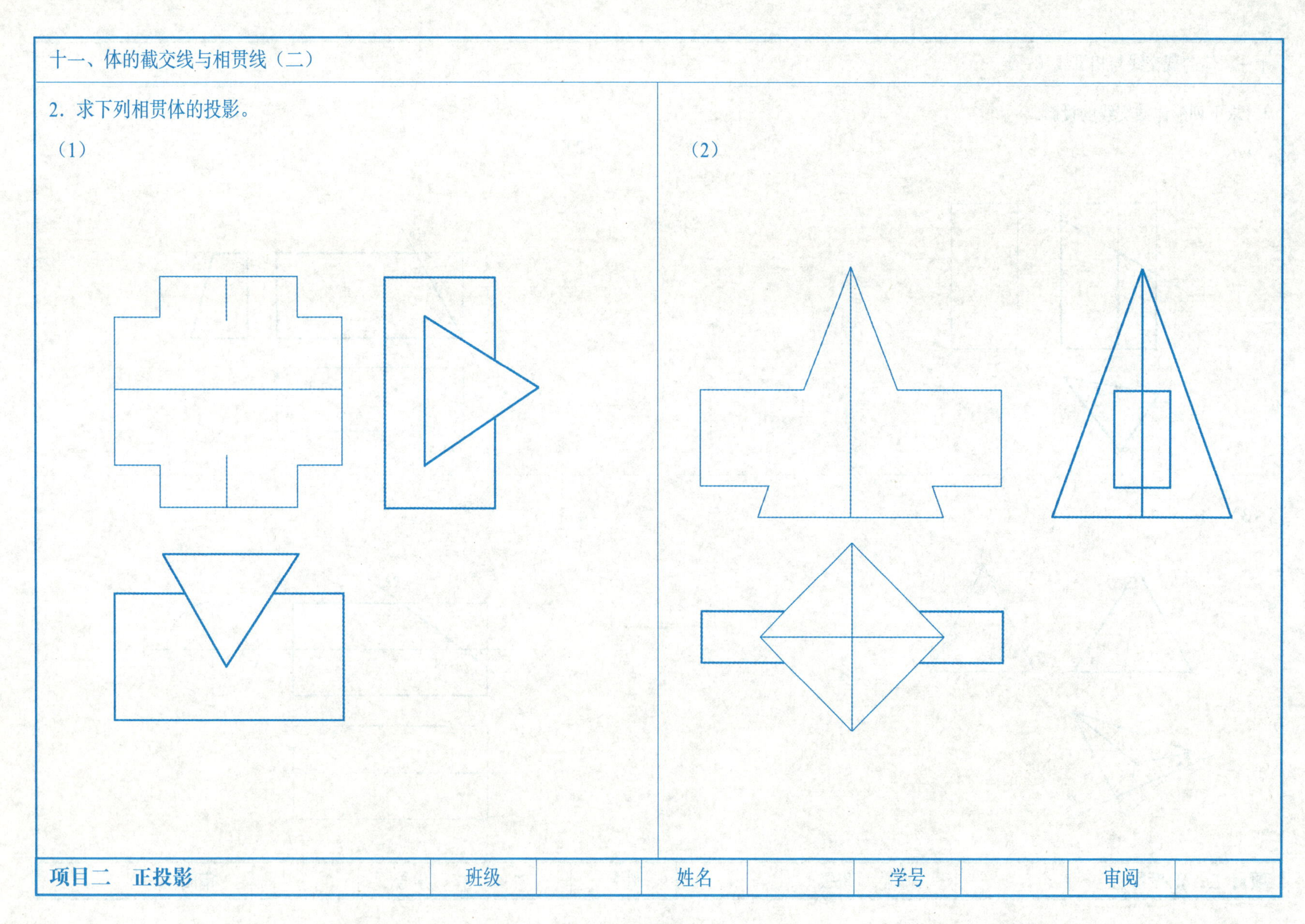
十一、体的截交线与相贯线（二）
2. 求下列相贯体的投影。
（1）
（2）
项目二　正投影
班级
姓名
学号
审阅

3. 求下列同坡屋面的三面投影图（屋面坡度α=30°）。

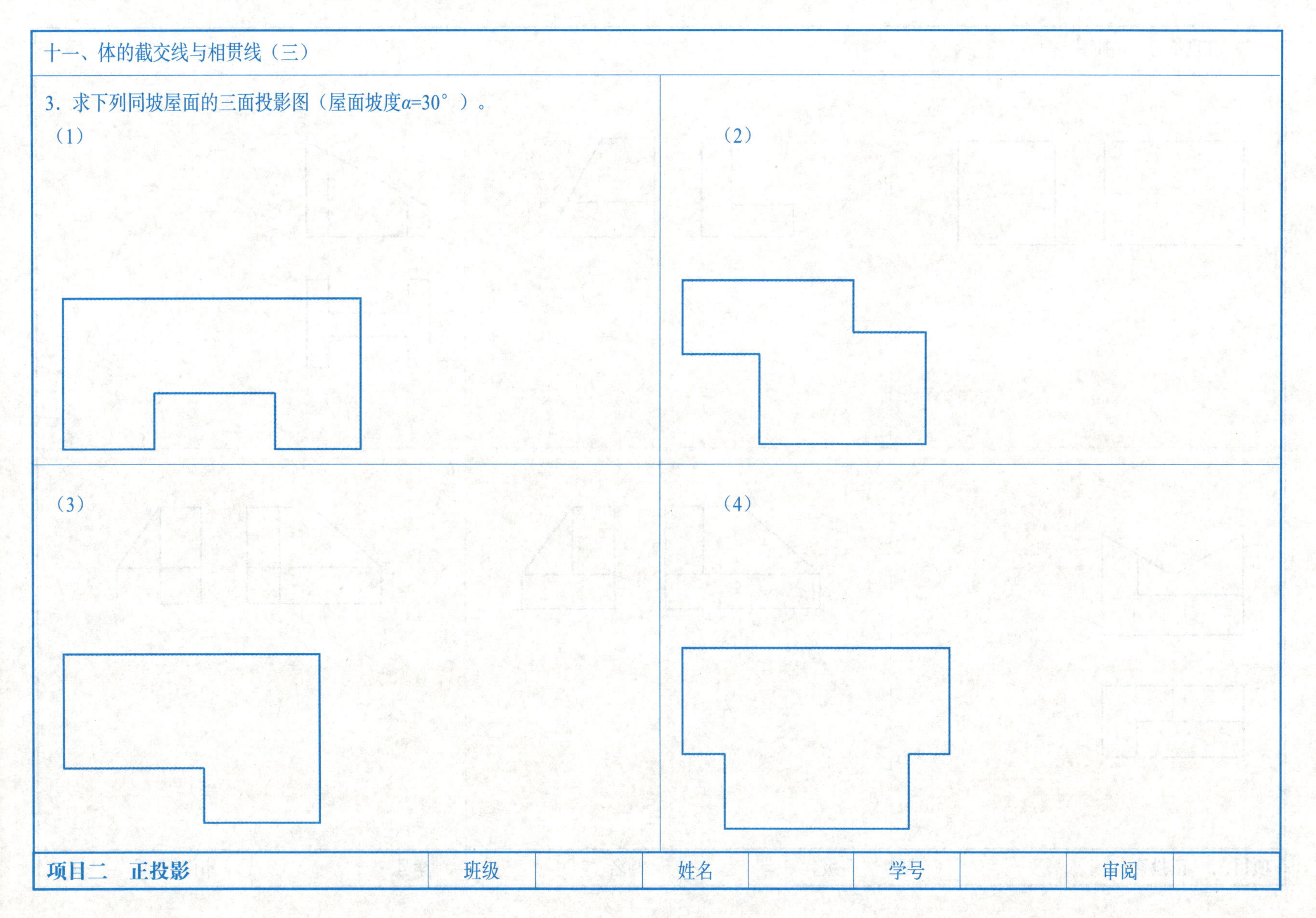

十二、拓展练习——补图（一）

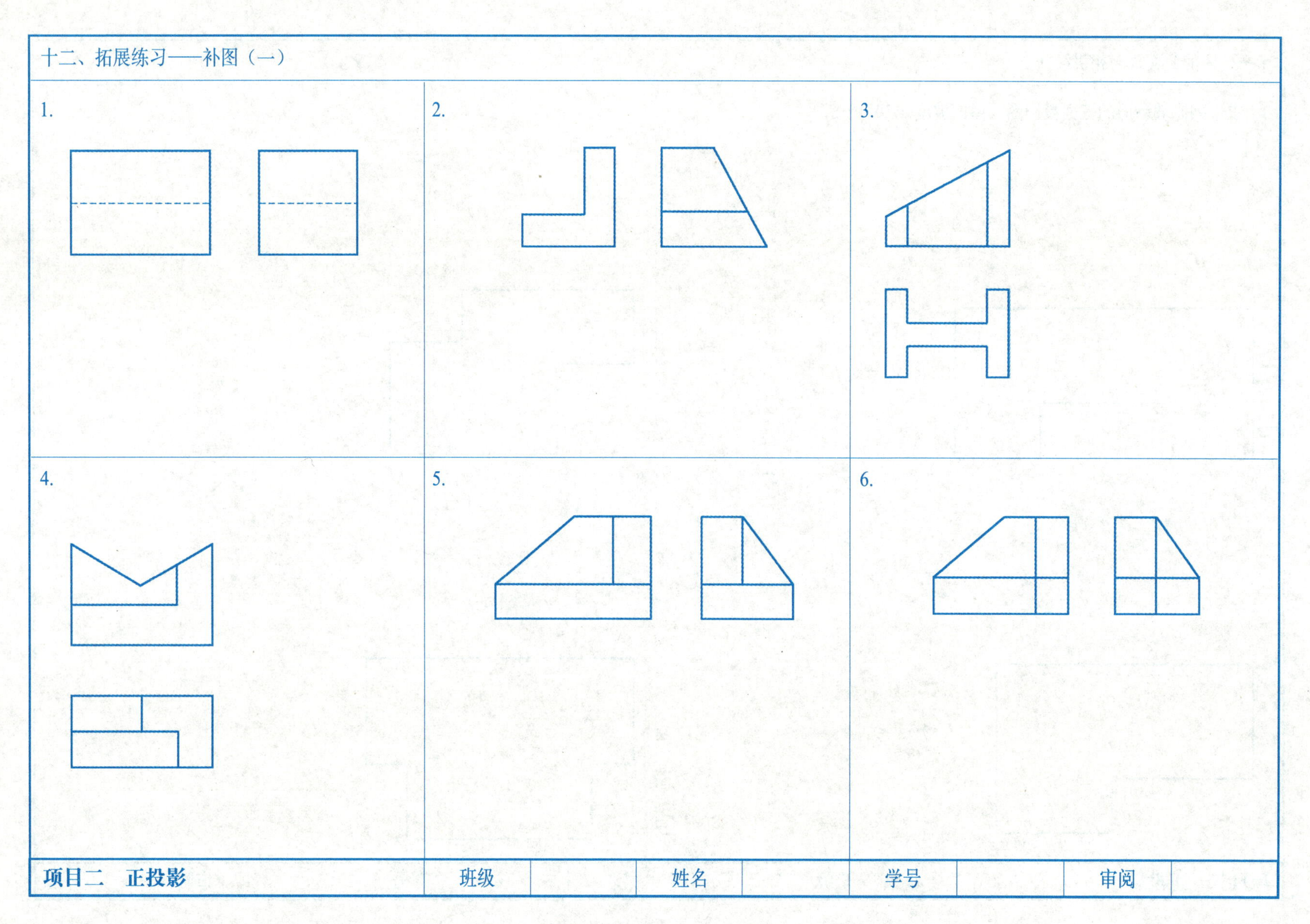

项目二　正投影	班级		姓名		学号		审阅	

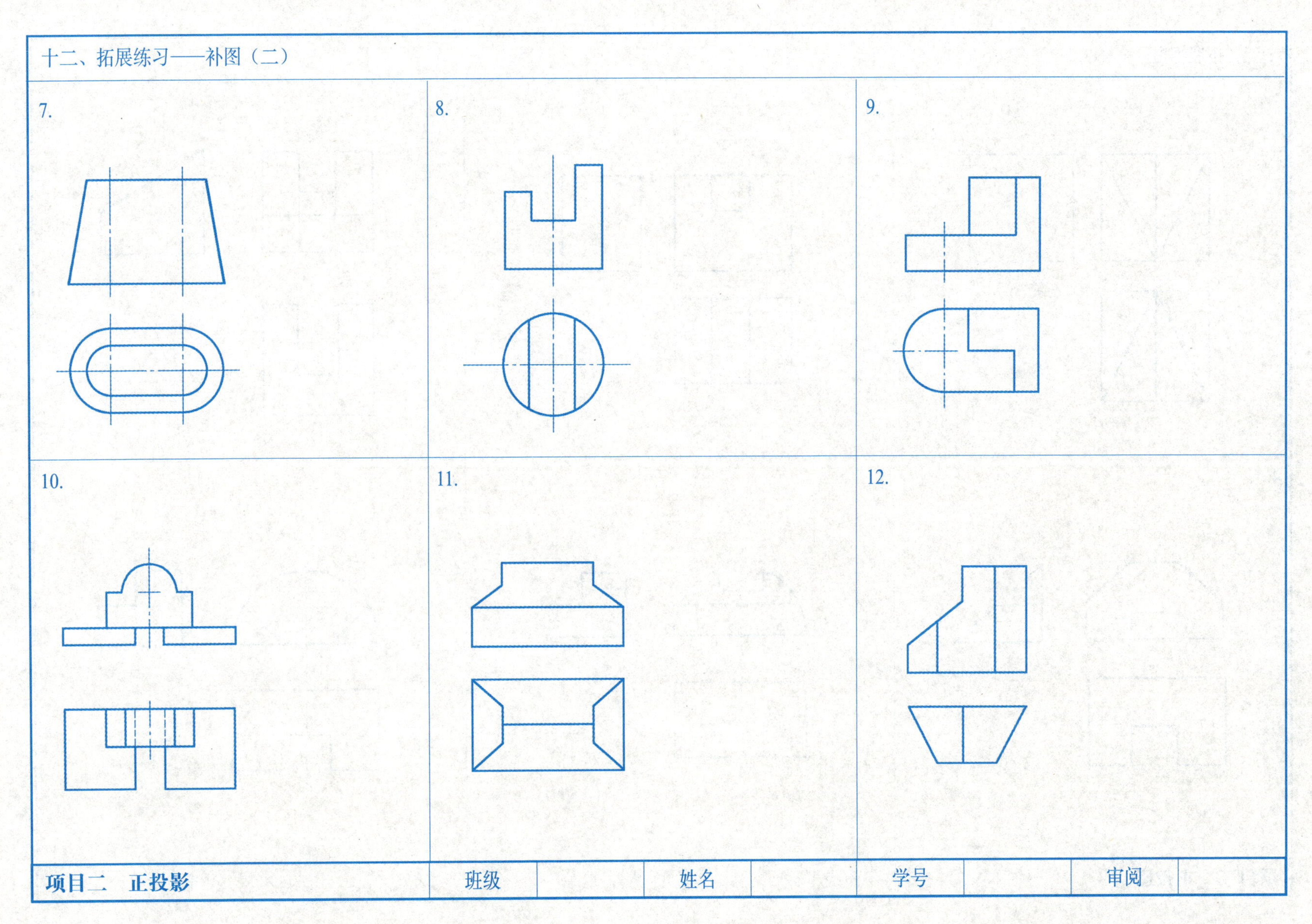
十二、拓展练习——补图（二）
7.
8.
9.
10.
11.
12.
项目二　正投影
班级
姓名
学号
审阅

十三、拓展练习——补线

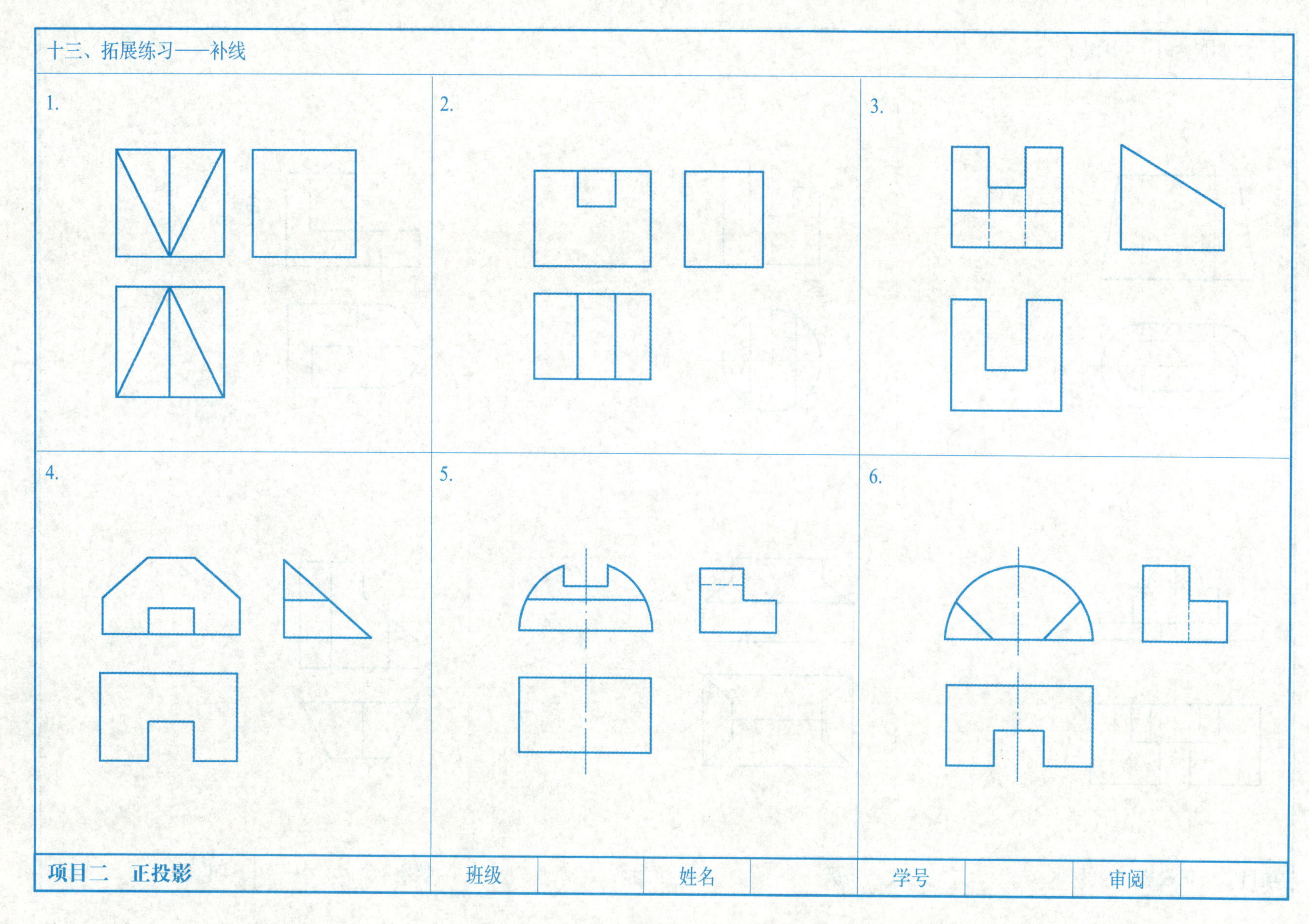

项目二　正投影	班级		姓名		学号		审阅	

十四、轴测投影（一）

1. 根据正投影图，画出正等轴测图。

（1）

（2）

（3）

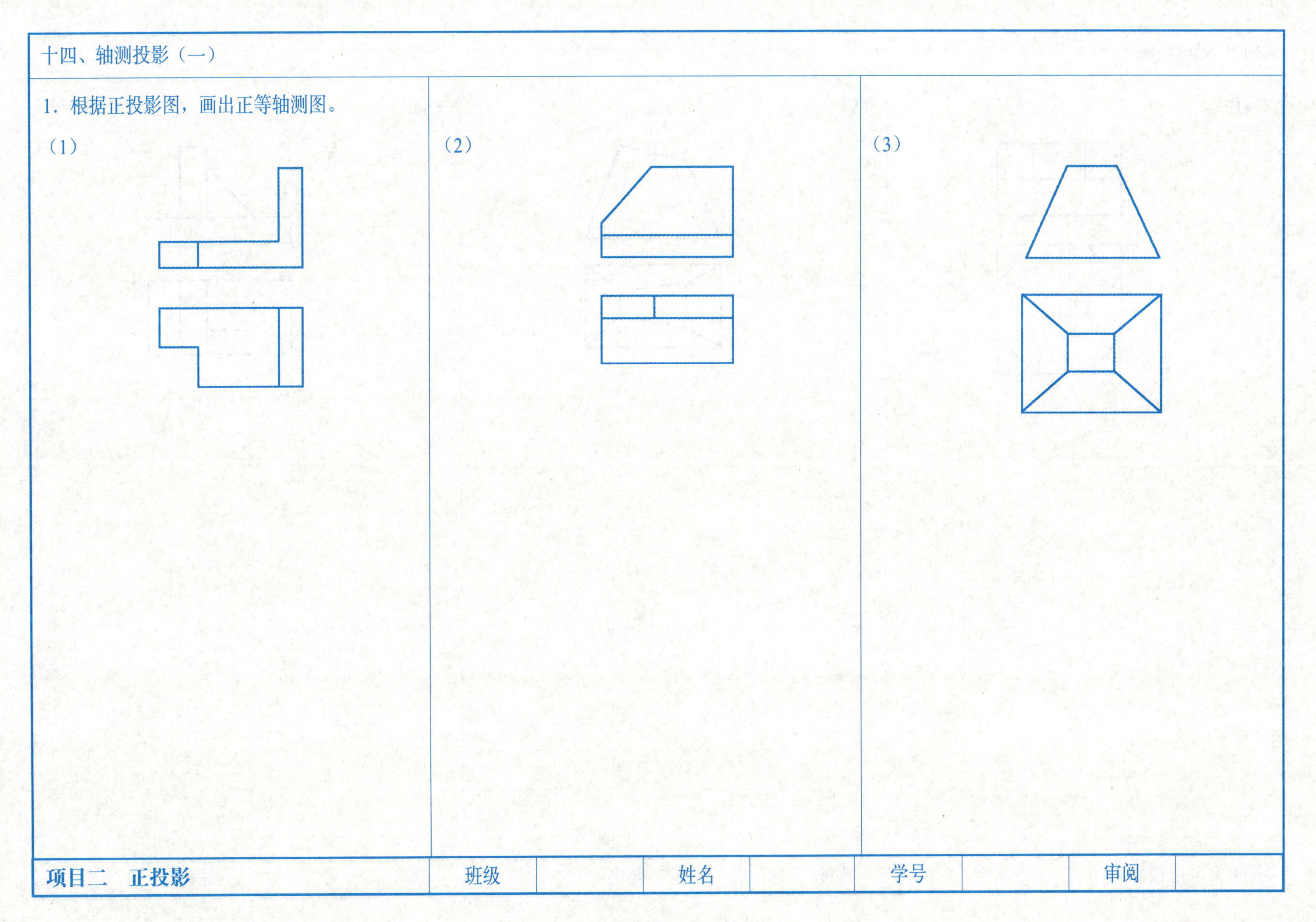

项目二　正投影	班级		姓名		学号		审阅	

十四、轴测投影（二）

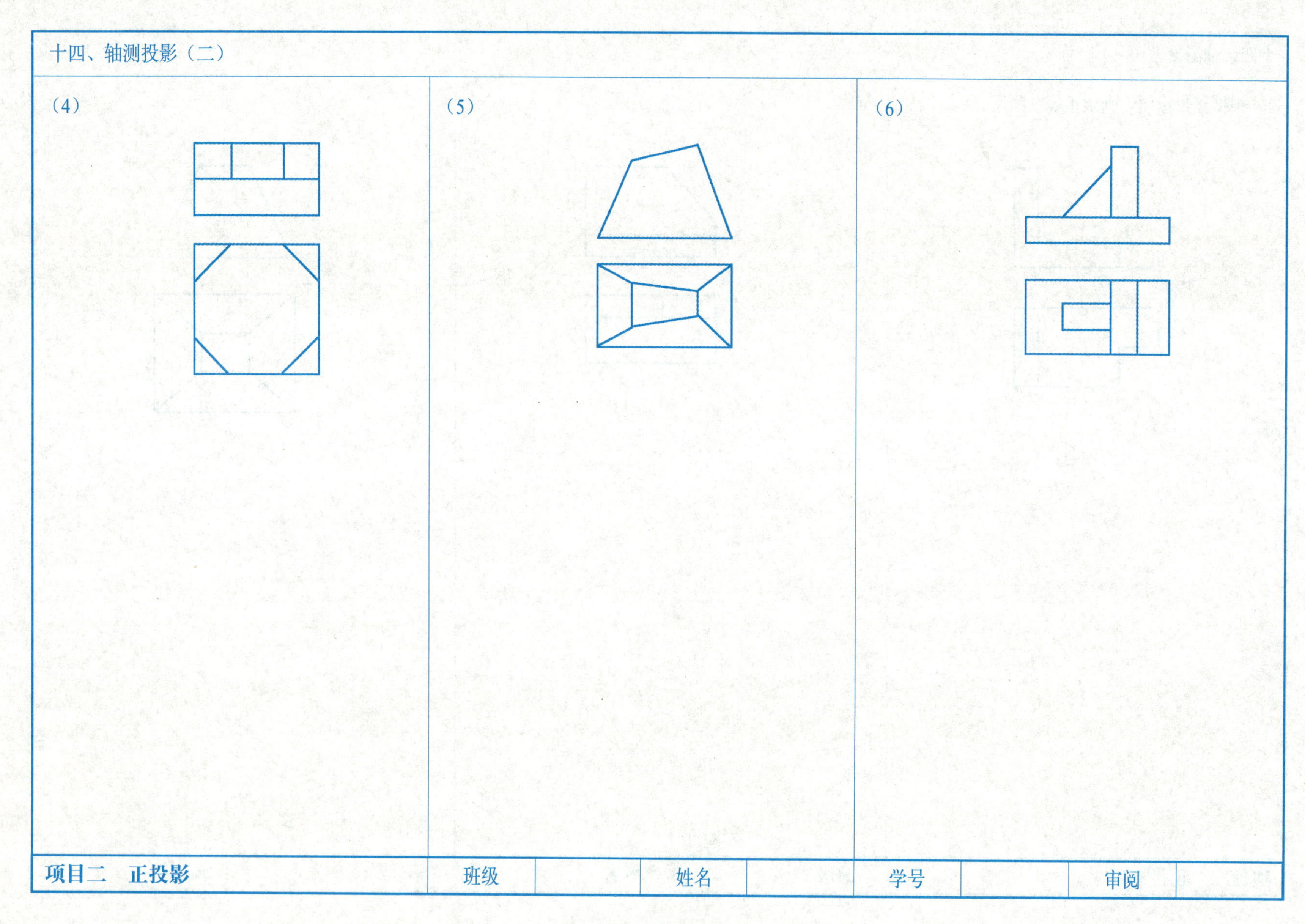

项目二　正投影	班级		姓名		学号		审阅	

十四、轴测投影（三）

2. 根据正投影图，画出正等轴测图。

（1）

（2）

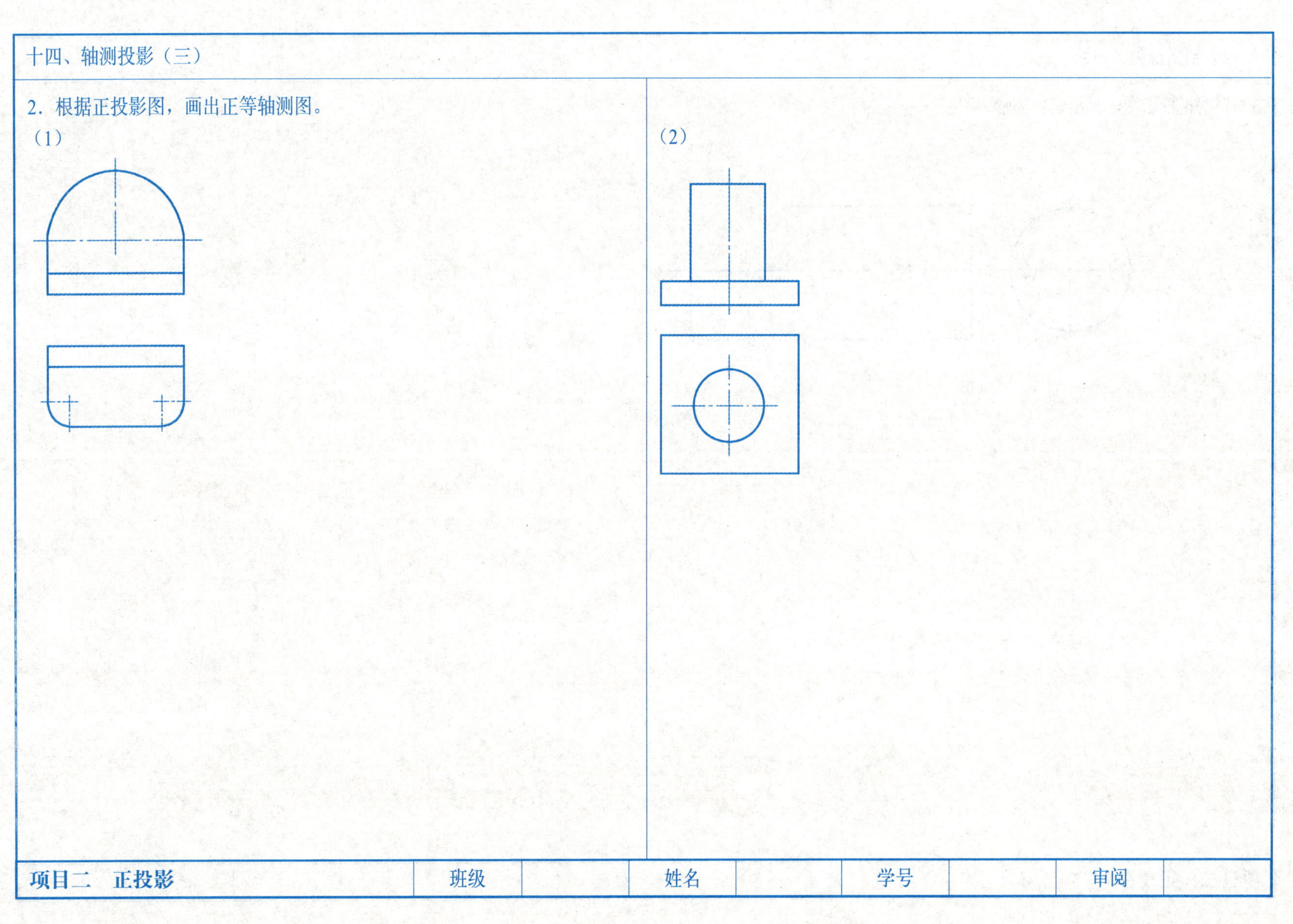

项目二　正投影	班级		姓名		学号		审阅	

十四、轴测投影（四）

3．根据正投影图，画出斜二等轴测图。

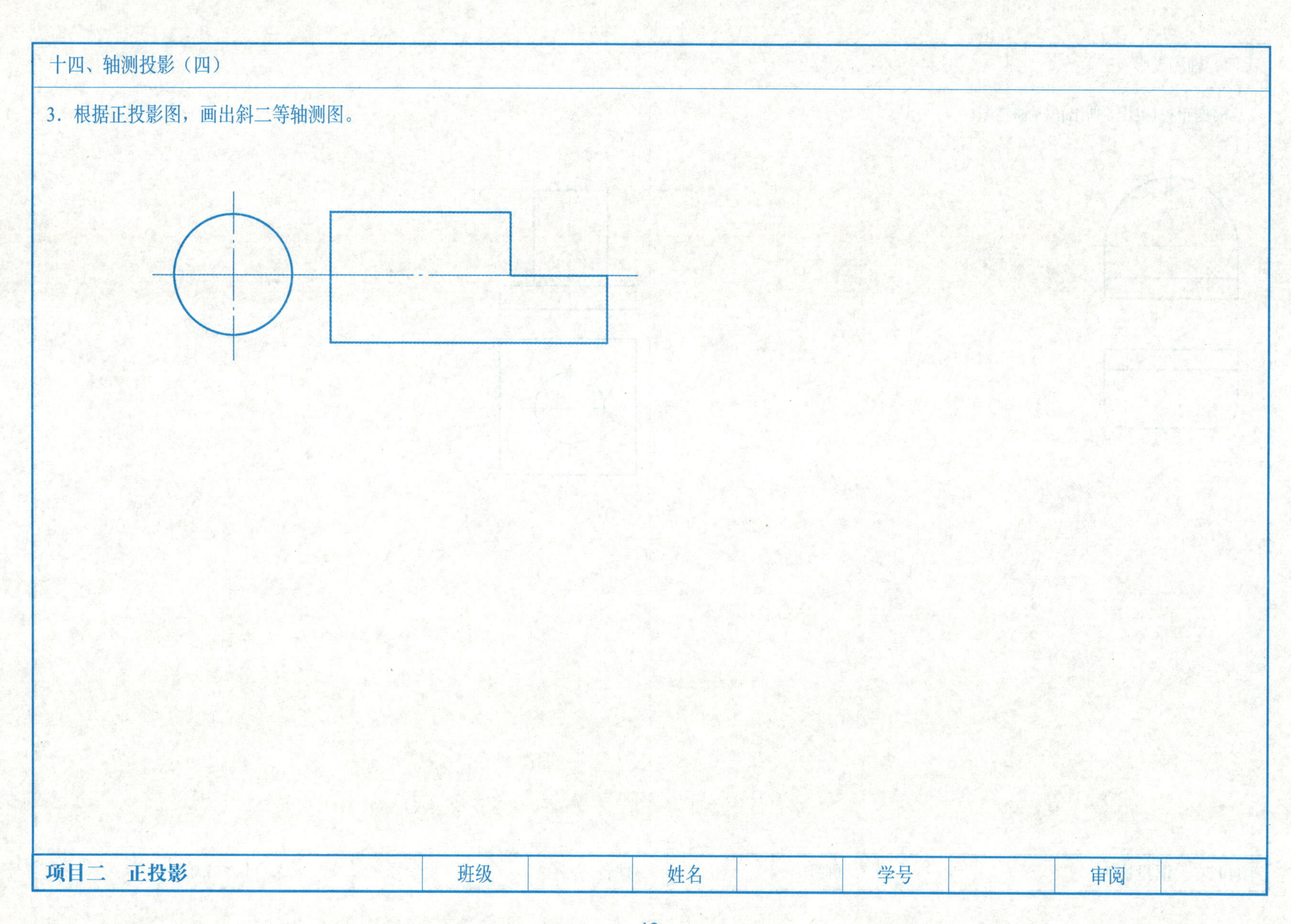

项目二　正投影	班级		姓名		学号		审阅	

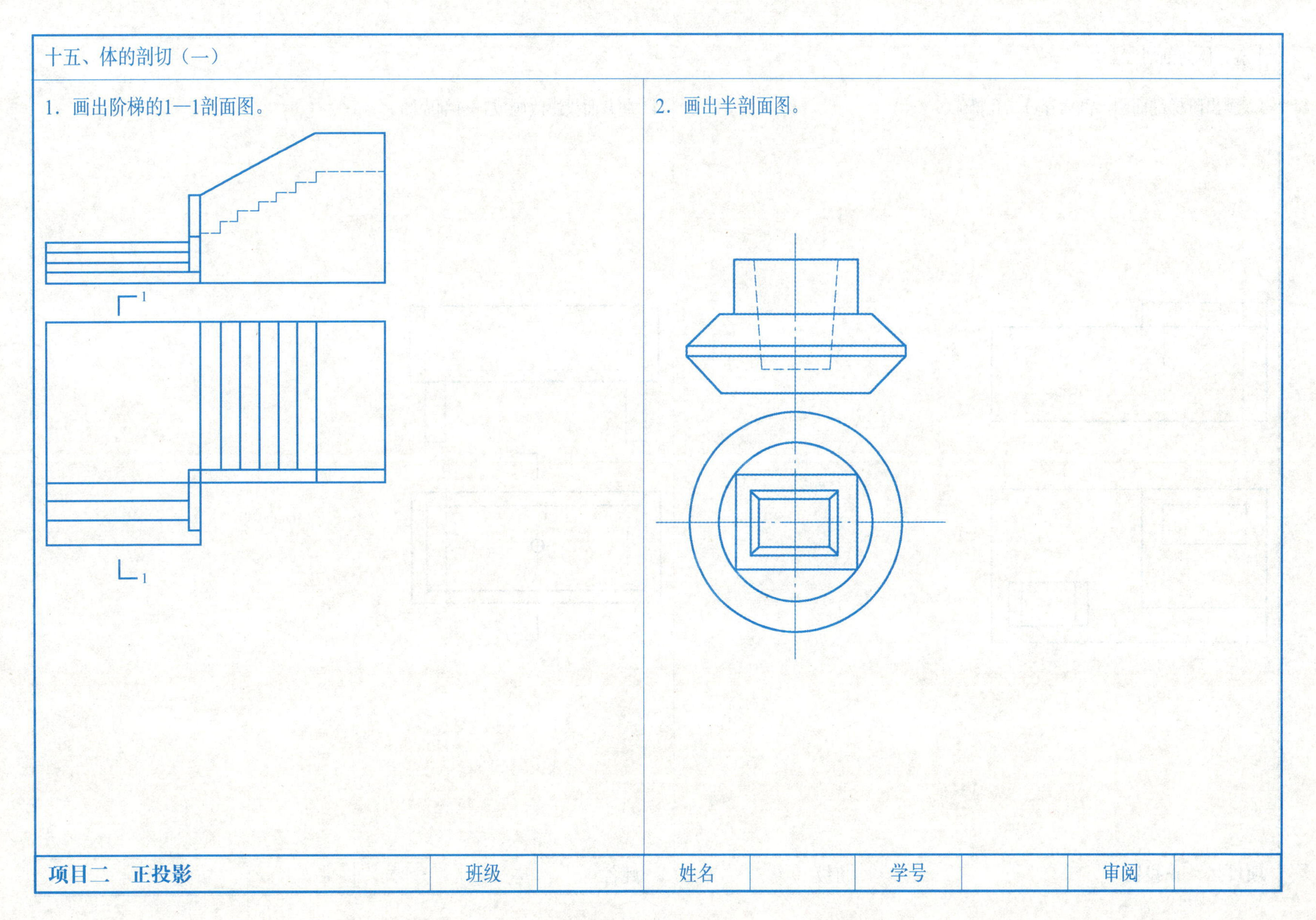
十五、体的剖切（一）
1．画出阶梯的1—1剖面图。
1
1
2．画出半剖面图。
项目二　正投影
班级
姓名
学号
审阅

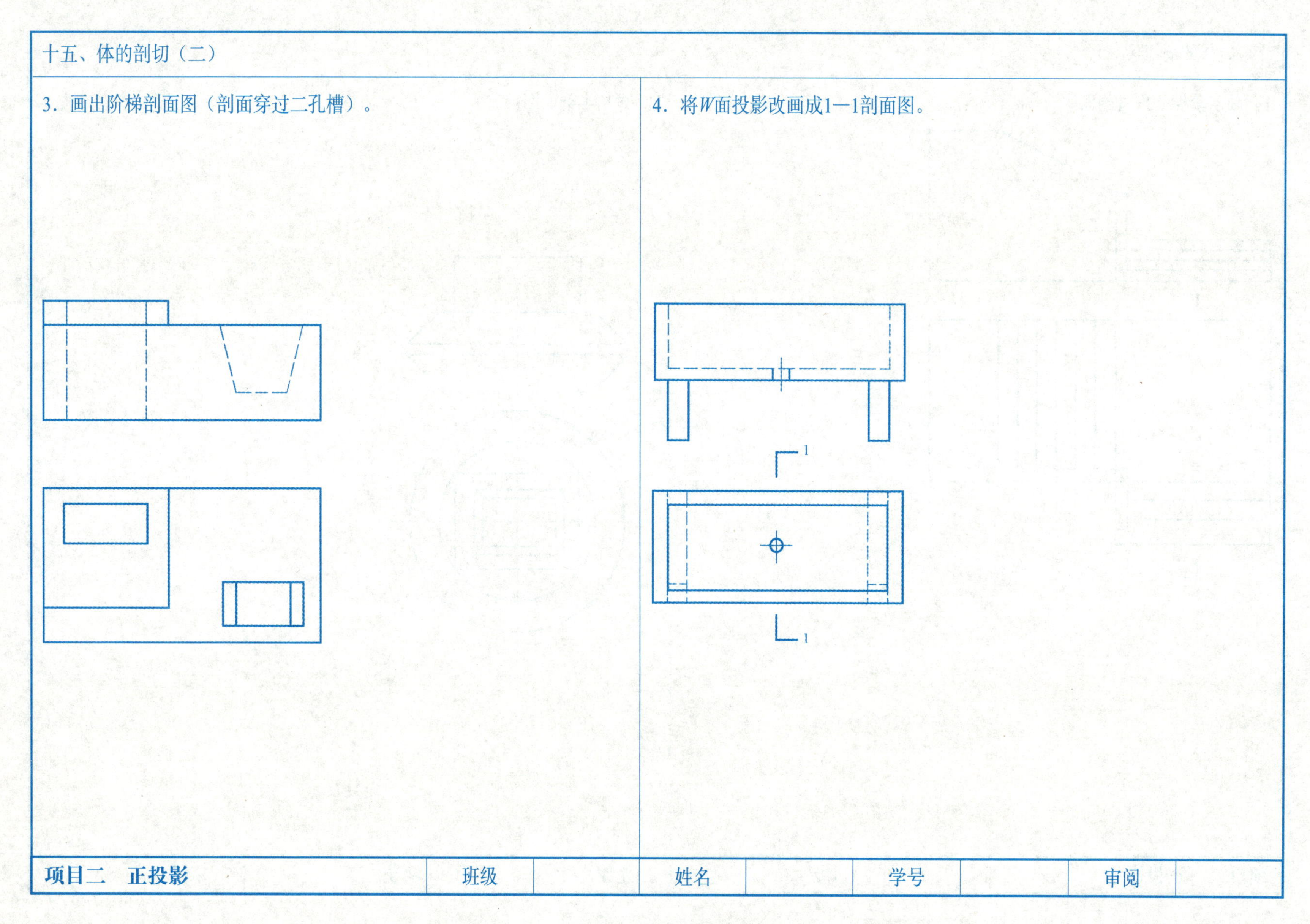
十五、体的剖切（二）
3．画出阶梯剖面图（剖面穿过二孔槽）。
4．将W面投影改画成1—1剖面图。
1
1
项目二　正投影
班级
姓名
学号
审阅

5. 画出1—1、2—2、3—3、4—4断面图（比例1：20）。

（1）

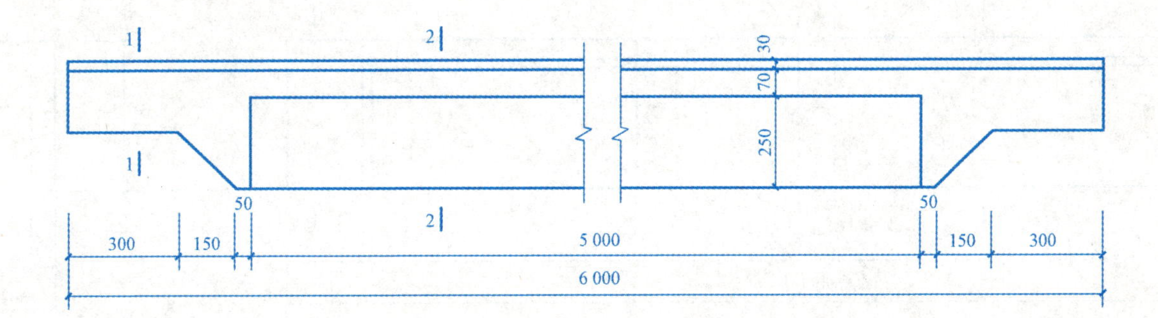

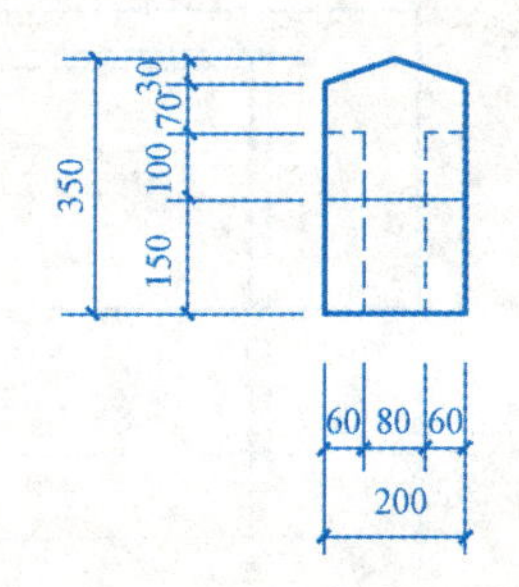

项目二　正投影	班级		姓名		学号		审阅	

（2）

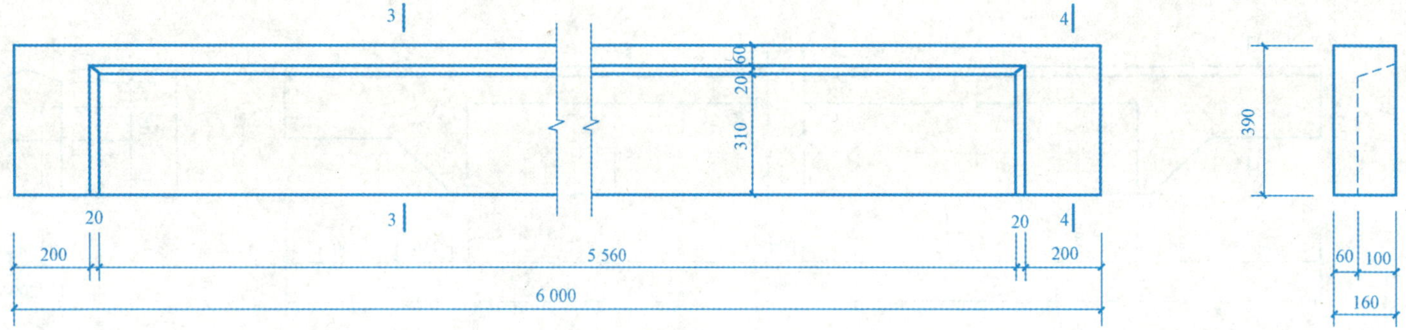

3 3 4 4 60 20 310 390 20 20 200 5 560 200 6 000 60 100 160

项目二　正投影	班级		姓名		学号		审阅	

一、民用建筑构造概论（一）

1. 建筑物按照使用性质，通常分为__________、__________、__________；民用建筑又分为__________和__________。

2. 居住建筑是指____________________的建筑；公共建筑是指____________________的建筑；工业建筑是指____________________的建筑。

3. 建筑物按承重结构材料，可分为______、______、______、______；建筑物按建筑结构形式，可分为______、______、______、______。

4. 住宅建筑按层数，可分为_______、_______、_______、_______；民用建筑按耐久年限，可分为______级；按耐火等级分类，多层建筑的耐火极限是级，高层建筑的耐火极限是______级。

5. 建筑构件按照燃烧性能，可分为非燃烧体（或称不燃烧体）、难燃烧体和燃烧体，如_______是非燃烧体；_______是难燃烧体；_______是燃烧体。

6. 建筑构件的耐火极限是指对任一建筑构件按时间-温度标准曲线进行______，从受到火的作用时起，到________或________或______的这段时间，用小时表示。我国目前将各类民用建筑按重要性，分为_______、_______、_______、_______、_______、_______六个级别。

7. 常见的民用建筑一般都由_______、________、________、________、_______、_______六个基本组成部分。

8. 荷载是指______的外力。荷载可分为______和______两大类；恒荷载主要是指_______，活荷载如_______等。

9. 地震烈度是指_______的强弱程度。

10. 建筑构造的设计原则是___________、___________、___________、___________、___________、___________，对不同的构造方案进行比较和分析，作出最佳选择。

11. 建筑模数是选定的______，作为______、______、______以及有关设备尺寸______的增值单位；建筑模数分为_______、_______和_______；基本模数是指______单位，基本模数的数值为______，用M表示，即1M=100 mm，整个建筑物和建筑物的一部分以及建筑组合件的模数化尺寸，应是基本模数的倍数。

12. ______是指建筑物的轴线尺寸；建筑构配件、建筑组合件、建筑制品等的设计尺寸是指_______；实际尺寸是指_______、建筑组合件、建筑制品等生产制作后的实有尺寸。定位轴线是_______基准线。构配件的定位又可分为水平面内的_______和_______。

13. 承重内墙的定位轴线与顶层内墙________；承重外墙定位轴线距离顶层墙体________；带内壁柱外墙和带外壁柱外墙的定位方法等同非承重墙的定位方法；非承重墙的轴线可按承重墙定位轴线的方法标定，还可以使墙身________；在建筑变形缝两侧，如为双墙时，定位轴线分别设在距顶层墙体内缘120 mm处；如两侧墙体均为非承重墙，定位轴线分别与_______；高低层分界处砖墙的定位轴线，一是分界处设有变形缝，按_______砖墙平面定位轴线处理；二是轴线距一侧内墙面为120 mm，距另一侧内墙面为_______减去120 mm；当房屋的结构形式为底层框架、上部砖混结构时，则下层框架应与上部砖混结构的平面定位轴线_______。

14. 建筑标高是指________________的标高。结构标高等于________________减去楼（地）面面层的构造厚度。

项目三　建筑构造	班级		姓名		学号		审阅	

一、民用建筑构造概论（二）

15. 屋面竖向定位应为屋面结构层______________________________处的外墙定位轴线的相交处。

16. 横向定位轴线的编号应________至________用______注写，纵向定位轴线的编号应________向________用大写的________编写，其中不得用于轴线编号的字母是________，以免与数字1、0、2混淆。

17. 在组合较复杂的平面图中，定位轴线也可采用____________编号，编号注写形式应为“____________”。

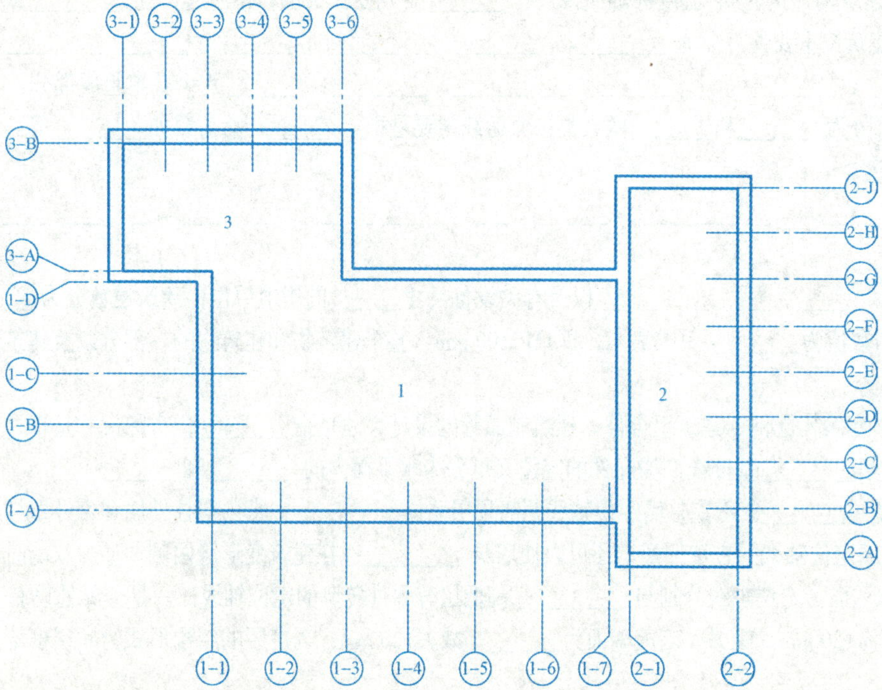

项目三　建筑构造	班级		姓名		学号		审阅	

二、基础与地下室（一）

1. 基础是建筑物上部承重结构向下的________和________部分，它承受建筑物的全部荷载，并把这些荷载连同自身的质量一起传到________上。地基是建筑物基础下面的________，直接承受着由________的建筑物的全部荷载。

2. 地基不是建筑物的________，但它和基础一样，对保证建筑________具有非常重要的作用。持力层是地基中________需要计算的土层；下卧层是持力层________。地基分为________和________两种类型。人工处理地基的处理方法有________、________、________、________、________等。

3. 地基和基础的设计要求是________、________、________。基础埋深是指________。基础按其埋深，可分为________和________。

4. 基础埋深不超过________时，称为浅基础。深基础如__________、__________、__________和__________等。基础应建造在坚实、可靠的地基上，在满足地基稳定和变形要求的前提下，基础应尽量浅埋，但通常__________。

5. 有地下水时，在确定基础埋深时，一般应将基础埋于地下水水位以上____________处。当地下水水位较高，基础不能埋置在地下水水位以上时，宜将基础埋置在最低地下水水位以上不小于____________的深度，且同时考虑施工时基坑的排水和坑壁的支护等因素；建筑物基础应埋置在冰冻层以下并________。新建建筑物基础埋深不____________相邻原基础埋深；当埋深大于原有建筑物基础时，基础间的净距应根据荷载大小和性质等确定，一般为相邻基础底面高差的__________。

6. 基础按材料及受力特点，可分为__________和__________；由砖石、毛石、素混凝土、灰土等材料制作的基础，由于受__________限制的基础，称为刚性基础。__________基础，称为柔性基础。这类基础的高度不受台阶宽高比的限制。

7. 基础按构造形式分类，有______________、______________、______________、______________、______________。建筑物基础沉降缝在构造上有三种处理方法，即____________、____________、____________。

8. 地下室按使用功能分，有________和________；按顶板标高分，有________（埋深为1/3～1/2倍的地下室净高）和________（埋深为地下室净高的1/2以上）；按结构材料分，有________和________地下室；地下室一般由________、________、________、________、________等部分组成。

9. 地下室的墙体采用砖墙时，其厚度一般不__________。当荷载较大或地下水水位较高时，最好采用钢筋混凝土墙，其厚度不__________。

10. 地下室的底板主要承受____________，底板处于最高地下水水位以上时，底板按一般地面工程考虑，即____________；当地下水水位高于地下室地面时，常用________________________。

11. 地下室顶板主要承受首层地面荷载，可用____________、____________或预制板上做现浇层，要求有足够的____________。如为防空地下室，顶板必须采用____________，并按有关规定决定其跨度、厚度和混凝土的强度等级。

12. 地下室楼梯可与上部楼梯结合设置，一般可设____________。防空地下室的楼梯，至少要设置____________通向地面的安全出口，并且必须有一个独立的____________。普通地下室的门窗与地上房间门窗相同，窗口下沿距散水面的高度为____________，以免灌水。

项目三　建筑构造	班级		姓名		学号		审阅	

二、基础与地下室（二）

13. 当地下室的窗台低于室外地面时，应设__________。采光井上应设防护网，井下应有排水管道，窗口下沿距井底的高度为__________。

14. 当最高地下水水位低于地下室底板__________，且地基范围内及回填土无形成上层滞水的可能时，只需做防潮处理。

15. 现浇混凝土外墙，可起到自防潮效果，不必再做防潮处理。普通砖外墙，墙体必须用______________砌筑，灰缝饱满；外墙外侧用1：2.5水泥砂浆抹面，厚度为_____________，刷冷底子油一道和热沥青两道或涂刷乳化沥青、阳离子合成乳化沥青等防水冷涂料；在防潮层外侧回填3：7或2：8灰土，宽约__________，逐层夯实。

16. 地下室所有墙体必须设两道水平防潮层。一道设在__________，另一道设在室外地坪以上__________。当最高地下水水位高于地下室地坪时，地下室外墙和地坪须做防水处理。地下室卷材防水层，根据其铺设位置的不同，可分为__________和__________。

三、墙体（一）

1. 墙体的作用有________、________、________。墙体按所处的位置不同，可分为________________；墙体按布置方向，可分为________________；沿建筑物长轴方向布置的墙称为________，沿建筑物短轴方向布置的墙称为________，外横墙又称________；另外，窗与窗、窗与门之间的墙称为________；窗洞下部的墙称为________；屋顶上部的墙称为________。

2. 按受力情况不同，墙体可分为________；在非承重墙中，不承受外来荷载，仅承受自身质量并将其传至基础的墙称为________；仅起分隔空间作用，自身质量由楼板或梁来承担的墙称为________；在框架结构中，填充在柱子之间的墙称为________，内填充墙是隔墙的一种；悬挂在建筑物外部的轻质墙称为________，有________、________等。

3. 按所用材料不同，墙体可分为________、________、________、________等。墙体按构造形式不同，可分为________、________、________三种；按施工方法不同，可分为________、________、________三种。

4. 按承重方式不同，墙体可分为________、________、________、________四种方式。

5. 墙体的设计要求主要有________、________、________、________、________、________。普通实心砖的规格为________。多孔砖与空心砖的规格一般与普通砖在长、宽方向相同，只是增加了厚度尺寸，如________。

6. 砖的强度由抗压及抗折等因素确定，分为________________六个等级。砂浆的作用是将________________砌体，以提高墙体的________、________、________、________、________等性能；砌筑墙体常用的砂浆有________、________和________。

7. 水泥砂浆适合砌筑________砌体，如地下室、砖基础等；石灰砂浆适宜砌筑次要的民用建筑________砌体；混合砂浆适宜砌筑民用建筑地面________且被广泛采用。砂浆的强度也是以强度等级划分的，分为________________五个等级。

8. 常用的砌筑砂浆有________级别，________以上属于高强度砂浆。砖墙的厚度习惯上以砖长为基数来称呼，工程上以它们的标志尺寸来称呼，如________等。

9. 当墙段长度小于________时，设计时宜使其符合砖模数；墙段长度超过________时，可不再考虑砖模数；另外，墙段长度尺寸尚应满足结构需要的最小尺寸，以避免应力集中在小墙段上而导致墙体的破坏，如承重窗间墙的最小宽度是________，承重窗间墙采用砖垛时的最小宽度是________。

10. 按砖模数要求，砖墙的高度应为________的整倍数。但现行统一模数协调系列多为________，如2 700 mm、3 000 mm、3 300 mm等，住宅建筑中层高尺寸则按________递增，如2 700 mm、2 800 mm、2 900 mm等，均无法与砖墙皮数相适应。为此，砌筑前必须事先按设计尺寸反复推敲砌筑皮数，适当调整灰缝厚度，并制作若干根________以作为砌筑的依据。

11. 砖墙的组砌原则是：砖缝必须________，________，________，________；实心砖墙是用普通实心砖砌筑的实体墙。在砌筑中，每排列一层砖称为“________”，并将垂直于墙面砌筑的砖称为“________”，把砖的长边沿墙面砌筑的砖称为“________”。

项目三　建筑构造	班级		姓名		学号		审阅	

三、墙体（二）

12. 勒脚是墙身接近室外地面的部分，高度一般位于____________部分。

13. 勒脚的作用是________，防止________侵蚀，增强建筑物________。

14. 在墙身中设置防潮层的目的是防止__________沿基础墙上升，而导致墙身受潮。

15. 水平防潮层一般应在________范围以内，通常在________标高处设置，而且至少要高于________，以防雨水溅湿墙身。当地面垫层为透水材料（如碎石、炉渣等）时，水平防潮层的位置应平齐或高于室内地面60 mm，即在________。

16. 当两相邻房间之间室内地面有高差时，应在墙身内设置________水平防潮层，并在靠________垂直防潮层，以避免回填土中的潮气侵入墙身。

17. 散水是沿建筑物外墙设置的倾斜坡面，坡度一般为________。散水又称散水坡或护坡，其宽度一般为________。

18. 当屋面为自由落水时，散水宽度应比屋檐挑出宽度大________。散水整体面层纵向距离每隔________做一道伸缩缝，缝内灌沥青胶。散水适用于降雨量较小的北方地区。

19. 季节性冰冻地区的散水还需在________加设砂石、炉渣石灰土等非冻胀材料，其厚度可结合当地经验采用。

20. 窗台构造做法分为________和________两个部分。外窗台应向外形成不小于________的坡度，以利于排水。

21. 悬挑窗台常采用顶砌一皮砖出挑或将一砖侧砌均出挑____________，也可采用钢筋混凝土窗台。挑窗台底部边缘处抹灰时应做宽度和深度均不小于____________的滴水线或滴水槽。内窗台一般为水平放置。

22. 过梁是用来支承________荷载，并把这些荷载传给洞口两侧墙体的承重构件。过梁一般采用________，也有采用________的形式。砖拱过梁分为________两种。

23. 钢筋混凝土过梁宽度同__________，梁高应与砖的皮数相适应。过梁在洞口两侧伸入墙内的长度为__________，过梁底部外侧抹灰时要________。过梁的断面形式有________，矩形多用于内墙和混水墙；L形多用于外墙和清水墙。

24. 圈梁配合楼板共同作用，可提高建筑物的________，增加墙体的________；减少________引起的墙身开裂。在抗震设防地区，圈梁与构造柱一起________，俗称墙体内框架，可提高抗震能力。

25. 钢筋混凝土圈梁的宽度同________，高度为________。

26. 外墙圈梁顶面一般__________，铺预制楼板的内承重墙的圈梁一般设在__________。当遇有门窗洞口致使圈梁局部截断时，应在洞口上部增设相应截面的________。

27. 附加圈梁与圈梁搭接长度不应____________，且____________。对有抗震要求的建筑物，圈梁不宜被洞口截断。钢筋混凝土构造柱一般设在________、________、________、________等。

项目三　建筑构造	班级		姓名		学号		审阅	

三、墙体（三）

28. 构造柱下端应________________地梁内，无地梁时应伸入________________处。

29. 构造柱处的墙体宜__________________，并应沿墙高每隔__________________拉结钢筋，每边伸入墙内__________________。墙面装修的作用是____________、____________、____________。

30. 按材料及施工方式的不同，墙面装修可分为____________、____________、____________、____________、____________五大类。

31. 抹灰又称____________，是我国传统的饰面做法，抹灰装饰层由____________、____________、____________三个层次组成。

32. 普通抹灰分为__________________、__________________；高级抹灰在底层和面层之间还要增加__________________。各层抹灰不宜过厚，总厚度一般为______________。底层抹灰的作用是与基层（墙体表面）粘结和______________，厚度为5～15 mm。

33. 底层灰浆用料视基层材料而异：普通砖墙常用____________；混凝土墙应采用____________；板条墙的底灰用____________；另外，对湿度较大或有防水要求的房间、有防潮要求的墙体，底灰应选用____________。

34. 中层抹灰主要起____________，其所用材料与底层基本相同，也可以根据装修要求选用其他材料，厚度一般为____________。

35. 面层抹灰主要起____________，要求表面____________，可以做成光滑或粗糙等不同质感的表面。

项目三　建筑构造	班级		姓名		学号		审阅	

四、楼板与地面（一）

1. 楼板层的设计应满足以下要求：____________、____________、____________、____________、____________、____________、__________。

2. 楼板层主要由____________、____________、____________三部分组成。楼板按所用材料不同，可分为____________、____________、等多种类型。

3. 钢筋混凝土楼板按施工方法不同，可分为____________、____________、____________三种。

4. 现浇钢筋混凝土楼板常用的有____________、____________、____________以及____________。

5. 楼板下不设置梁，将板____________称为板式楼板。板有____________与____________之分。当长边与短边长度之比____________2时，由于作用于板上的荷载主要是沿板的____________传递的，因此称之为单向板；当长边与短边长度之比____________2时，作用在板上的荷载是沿板的____________传递的，此时板的四边均发挥作用，因此称之为双向板。

6. 板式楼板底面____________、____________、____________，适用于____________房间，如走廊、厕所和厨房等。

7. 梁板式楼板（又称为肋梁楼板），根据梁的构造情况又可分为____________、____________、____________。

8. 预制钢筋混凝土楼板有____________和____________两种。预制板的类型是____________、____________、____________。

9. 预制实心平板的跨度一般在____________以内，板厚为跨度的____________，一般为____________，板宽为____________。因板跨小，预制实心平板多用于过道和小房间的楼板或____________、____________、____________等。

10. 槽形板由板和边肋组成，是一种____________的构件，槽形板有____________和____________两种。槽形板的经济跨度为____________，肋高为____________，板宽为____________。

11. 当板长超过6 m时，每隔1 000～1 500 mm增设____________。槽形板的搁置方式有两种：____________和____________。

12. 正槽板正向放置，边肋向下。由于板底不平，通常做____________。倒槽板____________放置，受力不如正槽板合理，但可在槽内填充轻质材料，以解决楼板的____________问题，而且容易保持____________平整。

13. 空心板是一种____________的预制构件，且上下板面平整，____________优于槽形板，目前被广泛采用。

14. 空心板跨度一般为____________，板宽通常为500 mm、600 mm、900 mm、1 200 mm，板厚有120 mm、150 mm、180 mm、240 mm等几种。空心板板面不能____________。

15. 在安装和堆放时，空心板两端的孔常以____________（俗称堵头），以免在板端灌缝时漏浆，并保证支座处不被压坏。

16. 预制楼板的结构布置原则：优先选用宽板，____________作调剂用，板的布置应避免出现____________支承情况，即楼板的长边不得____________。板的支承方式有____________和____________两种。

项目三　建筑构造	班级		姓名		学号		审阅	

17. 预制板直接搁置在墙上的称为____________；先搁梁再将板搁置在梁上的称为____________。
18. 安装预制板时，为使板缝灌浆密实，要求板块之间离开一定距离，以便填入细石混凝土。侧缝一般有V形缝、U形缝和凹槽缝三种形式，缝内灌____________，常见的为V形缝。
19. 预制板直接搁置在砖墙或梁上时，均应有____________长度。支承于梁上时其搁置长度为____________，支承于墙上时，其搁置长度为____________，并在梁或墙上铺坐浆，即M5水泥砂浆，厚度为____________，以保证板平稳，传力均匀。
20. 当在预制钢筋混凝土楼板上设立隔墙时，宜采用____________，可搁置在楼板的任何位置。若隔墙自重较大时，如采用砖隔墙、砌块隔墙等，则应避免将隔墙____________，通常将隔墙设置在____________。
21. 当采用槽形板或小梁搁板的楼板时，隔墙可直接搁置在____________上；当采用空心板时，须在隔墙下的板缝处设支承隔墙。楼板面层常用的做法是____________为找平层，其上再另做面层。对于标准较低的建筑也有直接将细石混凝土表面压光即可。
22. 装配整体式钢筋混凝土楼板综合了现浇式楼板____________和装配式楼板____________、____________的优点，又避免了现浇式楼板____________、____________和装配式楼板____________的弱点。
23. 常用的装配整体式楼板有____________和____________两种。
24. 地面主要由____________、____________、____________三部分组成。面层可分为____________和____________两类。如水泥砂浆地面、水磨石地面等属于____________面层，如陶瓷面砖、花岗石等地面属于____________面层。
25. 垫层是指承受并均匀传递荷载给基层的构造层，分为____________与____________两种。刚性垫层有足够的整体刚度，受力后变形很小，常采用____________，厚度为____________。
26. 地面的基层是指填土夯实层。地面的名称是依据____________来命名的。根据面层所用的材料及施工方法的不同，常用地面可分为四大类型，即____________、____________、____________、____________。
27. 整体地面常用的有____________、____________、____________、____________等。
28. 水磨石地面的常规做法是先用10～15 mm厚1∶3水泥砂浆____________、____________，按设计图采用1∶1水泥砂浆____________（玻璃条、铜条或铝条等），再用1∶2～1∶1.5水泥石碴浆抹面，浇水养护约一周后用磨石机磨光，再用草酸清洗，打蜡保护。
29. 水磨石地面分格的作用是将____________。木地面按构造方式，可分为____________两种。
30. 块材地面种类很多，常用的有____________、____________、____________、____________、____________、____________、____________等。

项目三　建筑构造	班级		姓名		学号		审阅	

四、楼板与地面（三）

31. 木地面的主要特点是__________、__________、__________、__________、__________，但耐火性差，保养不善时易腐朽，且造价较高，一般用于装修标准较高的建筑中。实铺木地面有__________两种做法。地面与墙面交接处的垂直部位，被称为__________或__________。

32. 踢脚的高度一般为__________，所用材料有__________、__________、__________、__________等，一般应与室内地坪材料一致或相适应。踢脚沿墙身向上延伸至__________的高度称为墙裙。当采用多孔砖或空心砖砌筑墙体时，为保证室内踢脚质量，楼地面以上应改用三皮实心砖砌筑。

33. 在用水频繁的房间，楼地面应具备排水和防水的能力。为排除室内积水，地面应设有一定坡度，一般为__________，同时应__________，使水有组织地排向地漏；为防止积水外溢，影响其他房间的使用，有水房间地面应比相邻房间的地面__________；若不设此高差，则应在门口做__________的门槛。

34. 有水房间楼板以__________楼板为佳，面层材料通常为__________等防水性较好的材料。对于防水要求较高的房间，还应在楼板与面层之间设置__________。常见的地面防水材料有__________、__________、__________。

35. 为防止房间四周墙脚受水，应将防水层沿周边向上__________。当遇到门洞时，应将防水层__________以上。

36. 当竖向管道穿越楼地面时，处理方法一般有两种：对于冷水管道，可在竖管穿越的四周用__________，再以卷材或涂料做密封处理。

37. 对于热水竖向管道，为防止由于温度变化引起管壁周围材料胀缩变形，常在穿管位置__________，高出地面__________，并在缝隙内填塞__________。

38. 阳台按其与外墙的位置关系，可分为______、______、______；按阳台在外墙上所处的位置不同，有______之分。

39. 当阳台的长度占有两个或两个以上开间时，称为__________。住宅阳台按照功能的不同，可分为__________和__________，生活阳台主要供人们休息、活动、晾晒衣物等；服务阳台与厨房相连，主要供人们存放杂物。

40. 阳台栏板（或栏杆）的高度不宜过低，对低层、多层房屋来说，一般不宜__________；对高层房屋来说，一般不宜__________。一般阳台的宽度多与房屋开间相一致，深度以__________较适宜。凸阳台的承重方案可分为__________和__________两种类型。当凸阳台出挑长度在1 200 mm以内时，可采用__________；大于1 200 mm时，可采用__________。

41. 阳台排水有__________和__________两种。外排水的做法：在阳台一侧或两侧设排水口，阳台地面向排水口做__________坡，排水口内埋设φ40～φ50镀锌钢管或塑料管（称__________），外挑长度不__________，以防雨水溅到下层阳台。内排水的做法：在阳台内设置排水立管和地漏，将雨水直接排入__________，保证建筑立面美观。

项目三　建筑构造	班级		姓名		学号		审阅	

四、楼板与地面（四）

42. 雨篷是建筑物入口处和顶层阳台上部用以________免受雨水侵蚀的水平构件。雨篷在构造上需解决好两个问题：一是防________，保证雨篷梁上有足够的压重；二是板面上要做好________。钢筋混凝土雨篷通常沿板四周用砖砌或现浇混凝土做凸檐挡水，板面用防水砂浆抹面，并向排水口做出________。防水砂浆应顺墙上卷________。雨篷按照材料和结构形式的不同，可分为________、________、________等。

43. 雨篷多为钢筋混凝土悬挑构件，大型雨篷下常________。较小的雨篷常为挑板式，由雨篷梁悬挑雨篷板，雨篷梁兼做过梁。板悬挑长度一般为________。挑出长度较大时，一般做成________，为使底板平整，可将挑梁上翻。钢结构悬挑雨篷一般由________、________、________三部分组成。

项目三　建筑构造	班级		姓名		学号		审阅	

五、楼梯

1. 楼梯按位置，可分为________两种；按使用性质，可分为________、________、________、________；按材料，可分为________、________、________、________。楼梯按平面形式不同可分为九种，而常见的几种楼梯平面形式是________、________、________、________、________。楼梯一般由________三部分组成。

2. 楼梯段由若干个踏步组成，梯段的踏步数一般最多不超过________，但也不宜________。楼梯平台分别称为________和________。栏杆或栏板顶部供人们倚扶之用的配件称为扶手。扶手高度是指________高度，一般高度为________。

3. 供儿童使用的扶手高度为________，室外楼梯栏杆、扶手高度应不小于________。楼梯的坡度是指楼梯段的坡度。楼梯常见坡度为________，其中________较为通用。楼梯坡度由________决定。楼梯梯段的长度L是每一梯段的水平投影长度，其值为________，其中b为踏步踏面宽度，N为每一梯段踏步数。

4. 楼梯净空高度包括________和________。梯段净高以________计算，一般不________。楼梯平台净高是________高度，应不小于________。梯段的起始、终了踏步的前缘与顶部突出物的外缘线应不________。踏步尺寸包括________。在设计踏步宽度时，可用________或用________踏面。

5. 一般踏口（或突缘）挑出尺寸为________。踏步通常在踏口处做防滑条。现浇钢筋混凝土楼梯分为________、________。栏杆与楼梯段连接方法有以下几种：________、________、________。台阶与坡道设置在建筑________。室内外交通联系一般多采用________，当或________且________较小时，可采用坡道。

6. 台阶由踏步和平台组成。其形式有________、________等。台阶踏步宽一般________，踏步高一般________。平台位于台阶和出入口大门之间，平台深度一般________。电梯由以下几部分组成：________、________、________。

项目三　**建筑构造**	班级		姓名		学号		审阅	

六、屋顶（一）

1. 屋顶一般可分为__________、________和________等；坡度_______的屋面是平屋顶，常用坡度范围为________；坡度________的屋顶是坡屋顶，常用类型有______、______、______和 ______等多种形式。

2. 曲面屋顶是由各种__________、__________、___________作为屋顶承重结构的屋顶，这类屋顶施工复杂，故常用于大体量的公共建筑。屋顶的作用是______、______、______。

3. 屋顶的设计要求是______，______，______，______。屋面起坡的目的是______。坡度的大小首先取决于建筑物所在地区的______________________；其次，也取决于屋面防水材料的性能，即_______________________。

4. 屋顶坡度的常用表示方法有______、______、______三种。屋顶的坡度形成有______、______两种方法。

5. 卷材防水层的铺贴方法包括________、_________、_________等常用铺贴方法。平屋顶屋面排水方式有_________和________两大类。有组织排水可分为______和______。

6. 卷材防水屋面的排水设计，单坡排水的屋面宽度不宜超过________，矩形天沟净宽不宜________，天沟纵坡最高处离天沟上口的距离不________。落水管的内径不宜小于75 mm，落水管间距一般为________，每根落水管可排除约200 m^2的屋面雨水。

7. 泛水是指______。泛水高度不应______，转角处应将找平层做成半径不小于______或______。女儿墙内檐沟应具有一定纵坡，一般不应______。

8. 挑檐檐沟为防止暴雨时积水产生倒灌或排水外泄，沟深（减去起坡高度）不宜________。屋面防水层应包入沟内，以防止沟与外檐墙接缝处渗漏，沟壁外口底部要做滴水线，防止雨水顺沟底流至外墙面。

9. 雨水口分为______两大类。直管式用于内排水中间天沟、外排水挑檐等，______只适用于女儿墙外排水天沟。

10. 刚性防水屋面是用刚性防水材料做防水层的屋面，如________、_________、________等做防水层的屋面，屋面坡度宜为______，并应采用________找坡。这种屋面构造简单、施工方便、造价低廉，一般用于南方地区的建筑。

11. 刚性防水屋面是由__________、__________、__________和_________组成。在刚性防水屋面中，位于结构层和防水层之间的是_________，作用是使________有相对的变形，防止防水层开裂。

12. 隔离层常采用________、________、________等做法。

13. 分格缝是为了避免刚性防水层因__________、__________和__________等产生裂缝，所设置的“变形缝”。分格缝的间距一般不宜_________，并应位于________的敏感部位，如预制板的支承端、不同屋面板的交接处、屋面与女儿墙的交接处等，并与板缝上下对齐。分格缝的宽度为_________，有平缝和凸缝两种构造形式。

14. 平屋顶的保温材料主要有__________________、____________________和_____________________。

项目三　建筑构造	班级		姓名		学号		审阅	

六、屋顶（二）

15. 平屋顶的隔热构造可采用________________、________________、________________、________________等方式。

16. 屋顶伸缩缝的位置和尺寸大小，应与____________________伸缩缝相对应。

17. 常见卷材防水屋顶伸缩缝构造分为________、________、________。

18. 在坡屋顶中常采用的支承结构有________、________和________等类型。山墙作为屋顶承重结构，多用于房间开间________建筑；屋架承重是指利用建筑物的外纵墙或柱________，然后在屋架上________来承受屋面质量的一种承重方式。

19. 屋架一般按房屋的开间__________________________，其开间的选择与建筑平面以及立面设计都有关系。屋架承重体系的主要优点是建筑物内部有较大的________、________、________。

20. 我国传统的木结构形式是________。它由________组成梁架，檩条搁置在梁间，承受屋面荷载，并将各梁架连系为一完整的骨架。

21. __________梁架交接处为齿结合，整体性与抗震性均较好，但耗用木料较多，防火、耐久性均较差。在一些仿古建筑中，常以钢筋混凝土梁柱仿效传统的木梁架。坡屋顶屋面由________及________组成。支承构件包括________或________。

22. 屋面防水层包括各类瓦，常用的有________、________、________、________等铺材。

23. 两坡屋顶尽端山墙常做成________或________两种形式。悬山是两坡屋顶尽端屋面出挑在山墙处，一般常用________，有挂瓦板屋面则用________出挑的形式。硬山是山墙与屋面砌平或高出屋面的形式。一般山墙砌至屋面高度时，顺屋面铺瓦的________砌筑。

24. 坡屋顶的保温隔热构造主要有两种形式：一是________基层之间；二是________在顶棚内。顶棚是楼板层下面的装修层，又称________，是建筑物室内主要饰面之一。

25. 对顶棚的要求是________、________、________，改善室内照度以提高室内装饰效果。

26. 对某些有特殊要求的房间，还要求顶棚具有________或________、________、________、________等方面的功能，以满足使用要求。

27. 顶棚的构造形式有两种：________和________。设计时应根据建筑物的使用功能、装修标准和经济条件来选择适宜的顶棚形式。

项目三　建筑构造	班级		姓名		学号		审阅	

七、窗与门（一）

1. 窗是建筑物的______，对保证建筑物______、______、______起到很大的作用。

2. 窗的作用是______、______、观察和递物。因此，对窗的要求是______、______、______，同时要有保温、隔热、防火和防水等性能。

3. 窗主要由______、______组成。窗扇有______、______、______和______等，还有各种铰链、风钩、插销、拉手以及导轨、转轴、滑轮等五金零件，有时要加设窗台、贴脸、窗帘盒等。

4. 窗框的安装方法有两种，即________和______。立口是施工时____________砌窗间墙。上下档各伸出约半砖长的木段（羊角或走头），在边框外侧__________设一木拉砖（木鞠）或铁脚砌入墙身。其特点是_________紧密，但施工不便，窗樘及其临时支撑易被碰撞，较少采用。

5. 塞口是___________，以后再安装窗框。为了加强窗樘与墙的联系，窗洞两侧__________砌入一块半砖大小的防腐木砖（窗洞每侧应不少于两块），安装窗樘时用长钉或螺钉将窗樘钉在木砖上，也可__________，再用膨胀螺丝钉在墙上或用膨胀螺丝直接把樘子钉于墙上。

6. 平开玻璃窗一般由______和______榫接而成，有的中间还设窗棂。窗扇厚度为35～42 mm，一般为40 mm。上下冒头及边梃的宽度视木料材质和窗扇大小而定，一般为50～60 mm，下冒头可较上冒头适当加宽10～25 mm，窗棂宽度为27～40 mm。

7. 窗按使用材料，可分为______、_________、_________、_________、_________等。铝合金窗和塑钢窗材质好、坚固、耐久、密封性好，所以在建筑工程中应用广泛，而木窗由于耐久性差、易变形、不利于节能，国家已限制使用。

8. 窗按层数，可分为________。单层窗构造简单，造价低，适用于一般建筑；双层窗保温隔热效果好，适用于要求较高的建筑。

9. 窗按窗扇的开启方式，可分为___________、____________、____________、_________、_____________、___________等。窗的尺度一般根据__________________要求、________要求和________等因素决定，同时应符合模数制要求。

10. 一般平开窗的窗扇宽度为_____________，高度为___________，亮子高___________，固定窗和推拉窗尺寸可大些。

11. 门是建筑物的围护构件，对保证建筑物安全、坚固、舒适起着很大的作用，门的作用是________、________建筑空间，有时也起________作用。因此，对门的要求是________、________、________，同时要有保温、隔热、防火和防水等性能。门一般由________及附件组成。

12. 门框是门与墙体的连接部分，由________组成。门扇一般由________和边梃组成骨架，中间固定门芯板。

13. 五金零件包括铰链、插销、门锁、拉手等。附件有________、________等。按门的使用材料，可分为________等。木门自重轻、开启方便、加工方便，所以在民用建筑中应用广泛。

14. 按门在建筑物中所处的位置可分为________。内门位于内墙上，起__________，如隔声、阻挡视线等；外门位于外墙上，起________。按门的使用功能，可分为一般门和特殊门。一般门是满足人们最基本要求的门；而特殊门除了满足人们基本要求外，还必须有特殊功能，如________等。

项目三　建筑构造	班级		姓名		学号		审阅	

七、窗与门（二）

15. 按门的构造可分为__________等。按门扇的开启方式可分为__________等。门的尺度是指门洞的__________，应满足人流疏散，搬运家具、设备的要求，并应符合《建筑模数协调统一标准》的规定。
16. 公共建筑的单扇门为_________宽，双扇门为_________宽，高度为_________。
17. 居住建筑的门可略小些，外门为_________宽，房间门为_________宽，厨房门为_________宽，厕所门为_________宽，高度统一为_________。
18. 供人们日常生活活动进出的门，门扇高度常在_________左右，单扇门为_________宽，辅助房间，如浴厕、储藏室的门为_________宽，腰头窗高度一般为_________。
19. 木门主要由_________和_________等部分组成。
20. 遮阳是为了_________室内，避免夏季_________和产生_________而采取的构造措施。
21. 建筑遮阳措施有三种：一是_________；二是_________；三是在窗洞口周围设置专门的_________来遮阳。
22. 遮阳设施有_________和_________板两种类型。
23. 固定遮阳板的基本形式有_________、_________、_________和_________。
24. 水平式遮阳板主要适用于_________；垂直式遮阳板主要适用于_________。
25. 综合式遮阳板主要适用于_________；挡板式遮阳板主要适用于_________。

项目三　建筑构造	班级		姓名		学号		审阅	

八、变形缝

1. 变形缝包括________、________和________。

2. 伸缩缝从________________全部断开，缝的宽度为__________________；伸缩缝可砌成错口式和企口式，也可做成平缝。影响伸缩缝设置的因素是________、________、________。

3. 伸缩缝在墙体部位的构造主要是解决伸缩缝部位墙体的________问题；伸缩缝在楼地面处的构造主要是解决地面防水以及________问题；伸缩缝在屋面的构造主要是解决________问题。

4. 沉降缝的作用是________。

5. 沉降缝从________全部断开。沉降缝的宽度一般为________，地基越软弱，建筑物越高大，缝宽也就越大。

6. 基础沉降缝在工程上常见的处理方式有以下三种：________、________、________。

7. 防震缝的作用是________。

8. 地震设防烈度为________的地区，建筑要设置防震缝。防震缝需从________断开。

项目三　建筑构造	班级		姓名		学号		审阅	

九、工业建筑（一）

1. 工业厂房建筑按用途可分为＿＿＿＿＿＿、＿＿＿＿＿＿、＿＿＿＿＿＿；按层数可分为＿＿＿＿＿＿、多层厂房及层次混合的厂房等；按生产状况可分为＿＿＿＿＿、＿＿＿＿＿、有侵蚀性介质作用的车间、＿＿＿＿＿、洁净车间等类型。

2. ＿＿＿＿＿是确定厂房平面、剖面、立面以及围护结构形式的主要因素之一。

3. 工业厂房建筑的特点：工业建筑的平面形状应按照＿＿＿＿＿及＿＿＿＿＿的要求进行设计。

4. 工业建筑通常具有＿＿＿＿＿内部空间，并在厂房内部设有＿＿＿＿＿，所以生产厂房需设置有效的＿＿＿＿＿。许多产品的生产需要严格的环境条件，如有些厂房要求一定的＿＿＿＿＿、＿＿＿＿＿和＿＿＿＿＿，有些厂房要求无振动、无电磁辐射等。厂房内往往要布置大量的＿＿＿＿＿。

5. 厂房内的起重运输设备主要有三类：一是＿＿＿＿＿等地面运输设备；二是安装在厂房上部空间的各种类型的起重机；三是各种＿＿＿＿＿等。在厂房内的这些起重运输设备中，以＿＿＿＿＿对厂房的布置、结构选型等影响最大。

6. 起重机主要有＿＿＿＿＿、＿＿＿＿＿、＿＿＿＿＿等类型。单层工业厂房结构构件的组成，一是＿＿＿＿＿；二是＿＿＿＿＿。

7. ＿＿＿＿＿是厂房结构的主要承重构件，承受屋架、起重机梁、支撑、连系梁和外墙传来的荷载，并＿＿＿＿＿。基础承受＿＿＿＿＿传来的全部荷载，并将荷载传给地基。

8. 基础的形式有＿＿＿＿＿、＿＿＿＿＿、＿＿＿＿＿等。基础梁承受上部围护墙质量，并传递给基础。

9. 屋架是＿＿＿＿＿的主要承重构件，承受屋盖上的全部荷载并传递给柱。屋架按制作材料，可分为＿＿＿＿＿、＿＿＿＿＿、＿＿＿＿＿。

10. 屋架形式有＿＿＿＿＿、＿＿＿＿＿、＿＿＿＿＿、＿＿＿＿＿等，尺寸有9 m、12 m、15 m、18 m、24 m、30 m、36 m等。屋面板有钢筋混凝土槽形板、彩钢板等。

11. 起重机梁设在柱子的牛腿上，承受＿＿＿＿＿的质量，运动中将所有＿＿＿＿＿（包括起重机自重、吊物质量以及起重机启动或刹车所产生的横向刹车力、纵向刹车力以及冲击荷载）传递给排架柱。连系梁是厂房纵向柱列的＿＿＿＿＿，用以增加厂房的＿＿＿＿＿，承受＿＿＿＿＿的荷载，并传递给柱列。

12. 支撑系统构件分设于屋架之间和纵向柱列之间，作用是加强厂房的＿＿＿＿＿和＿＿＿＿＿，传递＿＿＿＿＿和起重机产生的水平刹车力。

13. 屋盖支撑类型主要有＿＿＿＿＿＿支撑、＿＿＿＿＿＿支撑、垂直支撑、纵向水平系杆（加劲杆）支撑等。横向水平支撑和垂直支撑一般布置在厂房的第一或第二柱间＿＿＿＿＿。

14. 单层厂房山墙比较高大，需承受较大的＿＿＿＿＿＿＿，因此，在单层排架结构中，自承重山墙处需设置抗风柱，以增加墙体的刚度和稳定性。厂房中，当＿＿＿＿＿＿＿的柱子在平面上排列时，所形成的网格，称为柱网。

项目三　建筑构造	班级		姓名		学号		审阅	

九、工业建筑（二）

15. 柱网尺寸是由＿＿＿＿组成的。柱网的选择，其实质是选择厂房的＿＿＿＿。相邻两柱之间的距离称为＿＿＿＿。＿＿＿＿的跨度即厂房的跨度，当屋架跨度＜18 m时，采用扩大模数 30M的数列，即跨度尺寸是18 m、15 m、12 m、9 m及6 m；当屋架跨度＞18 m时，采用扩大模数60M的数列，即跨度尺寸是18 m、24 m、30 m、36 m、42 m等。当工艺布置有明显优越性时，跨度尺寸可采用21 m、27 m、33 m。

16. 我国单层厂房主要采用＿＿＿＿钢筋混凝土结构体系，其基本柱距是＿＿＿＿，而相应的结构构件，如基础梁、起重机梁、连系梁、屋面板、横向墙板等，均已配套成型。扩大柱网的优点是＿＿＿＿，扩大柱网尺寸主要是＿＿＿＿，其屋顶承重方案有两种，即＿＿＿＿和＿＿＿＿。

17. 单层厂房定位轴线是确定厂房＿＿＿＿及相互位置的基准线，同时也是厂房＿＿＿＿的依据。单层厂房的横向定位轴线，主要用来标注厂房纵向构件，如＿＿＿＿（标志尺寸）。单层厂房的纵向定位轴线，主要用来标注厂房横向构件，如＿＿＿＿（标志尺寸）。

18. 墙、柱与纵向定位轴线的连系方式除考虑构造简单、结构合理外，应保证＿＿＿＿所需净空，必要时设置检修起重机的安全走道板。＿＿＿＿的距离，其值一般为750 mm。当起重机为重级工作制而需要设安全走道板，或者起重机起重量大于50 t时，可采用1 000 mm。

19. 由于起重机起重量、形式、柱距、跨度、有无安全走道板等因素，边柱外缘与纵向定位轴线的联系有两种情况，即＿＿＿＿、＿＿＿＿。封闭式结合的纵向定位轴线是指＿＿＿＿三者相重合；非封闭式结合的纵向定位轴线是指＿＿＿＿有一定的距离，屋架上的屋面板与墙内缘之间＿＿＿＿。

20. 当Q≤20 t，e=750 mm时，采用＿＿＿＿＿＿＿＿，可满足起重机安全运行的净空要求，简化屋面构造，施工方便。当起重机起重量 Q≥30 t时，采用＿＿＿＿，设计时需将边柱外缘从定位轴线向外扩移一定距离，即加设＿＿＿＿，其值为150 mm、250 mm、500 mm三种。此时，墙内缘与标准屋面板之间的空隙需做构造处理，如＿＿＿＿或＿＿＿＿构件。

21. 平行等高跨中柱，其上柱中心线与＿＿＿＿重合，通常设单柱单轴线处理。其截面宽度一般为600 mm，以满足两侧屋架的＿＿＿为300 mm的要求。

22. 单层工业厂房的外墙，按材料分为＿＿＿＿、＿＿＿＿、＿＿＿＿以及＿＿＿＿；按承重方式分为＿＿＿＿和＿＿＿＿。

23. 由于单层工业厂房的外墙自身＿＿＿＿，同时承受较大的自重和风荷载，有时还受振动荷载，因此墙身须有足够的＿＿＿＿。

24. 单层工业厂房的砖砌外墙一般只起＿＿＿＿，厚度可取＿＿＿＿，砖砌外墙的砌筑要求与民用建筑类似。

25. 板材墙按照板材的材料和构造方式划分，墙板有＿＿＿＿、＿＿＿＿和＿＿＿＿三大类。单层工业厂房围护墙与柱子的相对位置一般有两种：一种是＿＿＿＿；另一种是＿＿＿＿。板材墙与柱子的连接分为＿＿＿＿和＿＿＿＿。

26. 柔性连接常用的方法有＿＿＿＿、＿＿＿＿（又称握手式连接）、＿＿＿＿和＿＿＿＿。它适用于＿＿＿＿或有较大振动的厂房，以及抗震设计烈度＿＿＿＿的地区的厂房。

27. 刚性连接就是将每块板材与柱子＿＿＿＿在一起，无须另设钢支托。它适用在＿＿＿＿、没有较大振动的设备或非地震区及地震烈度＿＿＿＿的地区的厂房。

项目三　建筑构造	班级		姓名		学号		审阅	

九、工业建筑（三）

28. 单层工业厂房非承重围护墙墙体的细部构造包括：基础梁与基础的连接构造、________、墙体与柱的连接构造、________以及________。

29. 基础梁支承在柱基础上，基础梁的顶面标高为________，以便在该处设置墙身防潮层，或用门洞口处的地面做面层保护基础梁。冬季，北方地区非采暖厂房回填土为冻胀土时，基础梁下部________填充，以防土壤冻胀时对基础梁及墙身产生________，冻胀严重时还可在基础梁下________。

30. 连系梁可提高厂房结构及墙身的________。连系梁分为________和非承重连系梁。在确定连系梁标高时，应考虑以连系梁________窗过梁。连系梁多为预制连系梁，且横断面一般为矩形，当墙厚为370 mm时，可________。

31. 单层工业厂房的外墙主要______________，为了保证墙体的整体稳定性，外墙与厂房柱及屋架端部一般采用拉结筋连接。由柱、屋架端部沿高度方向__________伸出2φ6钢筋，砌入砖缝内，以起到锚拉作用。单层工业厂房墙身变形缝包括________、________、________。

32. 排架结构厂房长度超过________时，厂房需设置伸缩缝，伸缩缝的缝宽为________。一般在________、________以及与厂房毗连贴建生活间、变电所、炉子间等附属房屋均应设置防震缝，缝两侧应设墙或柱。

33. 设置沉降缝时，必须将建筑的_______以及屋顶等部分全部在垂直方向断开，使各部分形成能自由沉降的独立的刚度单元，沉降缝可以兼作_______。

34. 工业厂房的大门主要供日常车辆和人通行，以及紧急情况疏散之用。一般门的宽度应比满装货物时的车辆宽出________，高度应高出________。

35. 单层厂房中，为了满足_______要求，在屋顶上常设置各种形式的天窗。天窗按作用可分为________和________两类。通风天窗排气________，通风效率高，故多用于________车间。

36. 目前在我国常见的天窗形式中，主要用作采光的有__________、__________、__________、__________、__________等；主要用作通风的有________、________、________等。

37. 矩形天窗主要由________、________、________、________及________等组成。矩形天窗的天窗架支承在屋架上弦，增加了房屋的荷载，增大了建筑物的体积和高度。

38. 矩形天窗沿厂房纵向布置，在厂房屋面两端和变形缝两侧的________通常不设天窗，在每段天窗的端壁处应设置上天窗屋面的消防检修梯。天窗架是天窗的承重结构，天窗架的材料一般与屋架一致，常用的有________、________。

39. 矩形天窗架的宽度根据采光、通风要求一般为厂房跨度的________，目前所采用的天窗架宽度为3 m的倍数。矩形天窗架高度是根据________要求，并结合所选用的天窗扇尺寸及天窗侧板构造等因素确定的，一般高度为________倍。矩形天窗端壁常采用________和________端壁两种。矩形天窗屋面的构造与厂房屋面构造相同，矩形天窗檐口常采用________排水。

40. 天窗屋面板采用无组织排水的挑檐，出挑长度一般为________；若采用上悬式天窗扇，因防雨较好，故出挑长度可________；采用中悬式钢天窗时，因防雨较差，其出挑长度可________。

项目三　建筑构造	班级		姓名		学号		审阅	

九、工业建筑（四）

41. 在天窗扇下部需设置天窗侧板，侧板的作用是________车间以及________挡住天窗扇。

42. 从屋面到侧板上缘的距离，一般为________，积雪较深的地区，可采用________。侧板的形式应与屋面板构造相适应。

43. 天窗侧板采用长度与天窗架________的钢筋混凝土槽板，它与天窗架的连接方法是在天窗架下端________，然后用短角钢焊接，将槽板________，再将槽板的________。

44. 矩形通风天窗是在矩形天窗两侧加________构成，挡风板高度不宜超过天窗________的高度，一般应比檐口稍低。

45. 挡风板与屋面板之间应留________的空隙，便于排出雨雪和积尘，在多雪的地区不________。因为缝隙过大，影响天窗的通风效果。单层厂房屋面的作用、设计要求和构造与民用建筑基本相同，但也存在一定的差异，这些差异主要表现在________、________、________和________。

46. 挡风板的端部必须________，防止平行或倾斜于天窗纵向吹来的风，影响天窗排气。在挡风板上还应设置供________时通行的小门。

47. 单层厂房屋顶由屋面的________和________组成。厂房屋面的基层分为________和________两种。在屋架（或屋面梁）上弦搁置檩条，在檩条上铺小型屋面板（或瓦材），称为________。在屋架（或屋面大梁）上弦直接铺设大型屋面板，称为________。

48. 单层工业厂房地面为便于排水，可设0.5%～1%的坡度。单层工业厂房地面有________、________和________。

49. 水玻璃混凝土地面多用于________的车间或仓库。菱苦土面层由菱镁矿、沙子和氯化镁水溶液组成，菱苦土地面适用于________车间。

项目三　建筑构造	班级		姓名		学号		审阅	

十、拓展练习——墙身大样图识读与绘制（一）

（一）目的与要求

通过本作业掌握屋面排水设计方法和屋顶檐口至外墙墙脚剖面构造，训练绘制和识读施工图的能力。

（二）作业条件

（1）如图1所示，某教学楼为四层平屋顶砖混建筑物，教学区层高3.3 m，教师办公区层高3.0 m；外墙采用240 mm厚砖墙，墙上有窗，窗高1 800 mm，踢脚线高150 mm，天沟宽400～600 mm，过梁断面高240 mm或300 mm，圈梁断面为240 mm×240 mm。窗台距室内地面900 mm。室内外高差450 mm。屋顶平面示意图如图2所示，排水方式由学生自定。

（2）排雨量按所在地区数据。

（3）采用钢筋混凝土现浇楼板，板厚120 mm。

（4）墙面装修由学生确定。

（5）屋顶采用柔性防水屋面，且有组织外排水。檐口的排水形式有女儿墙内天沟排水、挑檐沟排水、檐沟女儿墙排水。可选其中任一种形式设计屋顶檐口。

（三）作业要求及深度

1. 作业要求

（1）本作业包括屋顶平面图和檐口、泛水，墙的下部构造，内外窗台，楼板层四个节点详图，如图3所示。四个节点的定位轴线对齐，形成外墙剖面大样图的主要部分。

（2）比例：屋顶平面图1∶200，详图1∶10。

（3）用一张A2图纸以铅笔或墨线绘成，应使用绘图纸，不能使用描图纸。

2.深度

（1）屋顶平面图中应绘出四周主要定位轴线及编号圆圈，房屋檐口边线（或女儿墙轮廓线）、分水线、天沟轮廓线、雨水口位置、出屋面构造的平面形状和位置。注出屋面各坡面的坡度方向和坡度值。

（2）标注雨水口距附近定位轴线的尺寸、雨水口的距离。

（3）绘墙身、勒脚、内外装修厚度，绘出材料符号。

（4）绘水平防潮层，注明材料和做法，并注明防潮层的标高。

（5）绘散水（或明沟）和室外地面，用多层构造引出线标注其材料、做法、强度等级和尺寸；标注散水宽度、坡度方向和坡度值；标注室外地面标高。

项目三　建筑构造	班级		姓名		学号		审阅	

十、拓展练习——墙身大样图识读与绘制（二）

注意，标出散水与勒脚之间的构造处理。

（6）绘室内首层地面、楼板、顶棚等构造，用多层构造引出线标注，绘踢脚板，标注室内地面、楼面标高。

（7）绘室内外窗台，表明形状和饰面，标注窗台的厚度、宽度、坡度方向和坡度值，标注窗台顶面标高。

（8）绘窗框轮廓线，不绘细部（也可参照图集绘窗框，其位置应正确，断面形状应准确，与内外窗台的连接应清楚）。

（9）绘窗过梁，注明尺寸和下皮标高。

某教学楼示意图

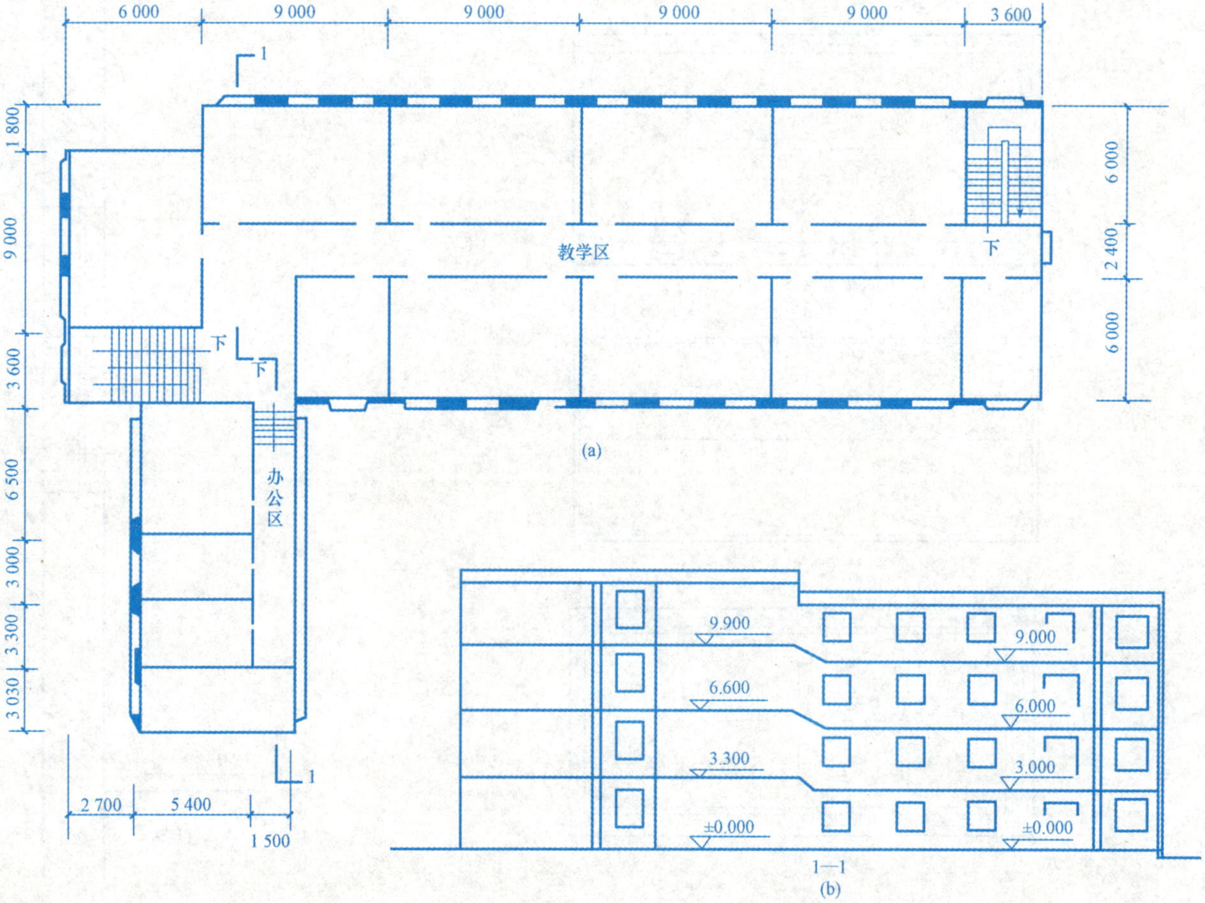

(a)

1—1
(b)

图1　某教学楼示意图

项目三　建筑构造	班级		姓名		学号		审阅	

十、拓展练习——墙身大样图识读与绘制（三）

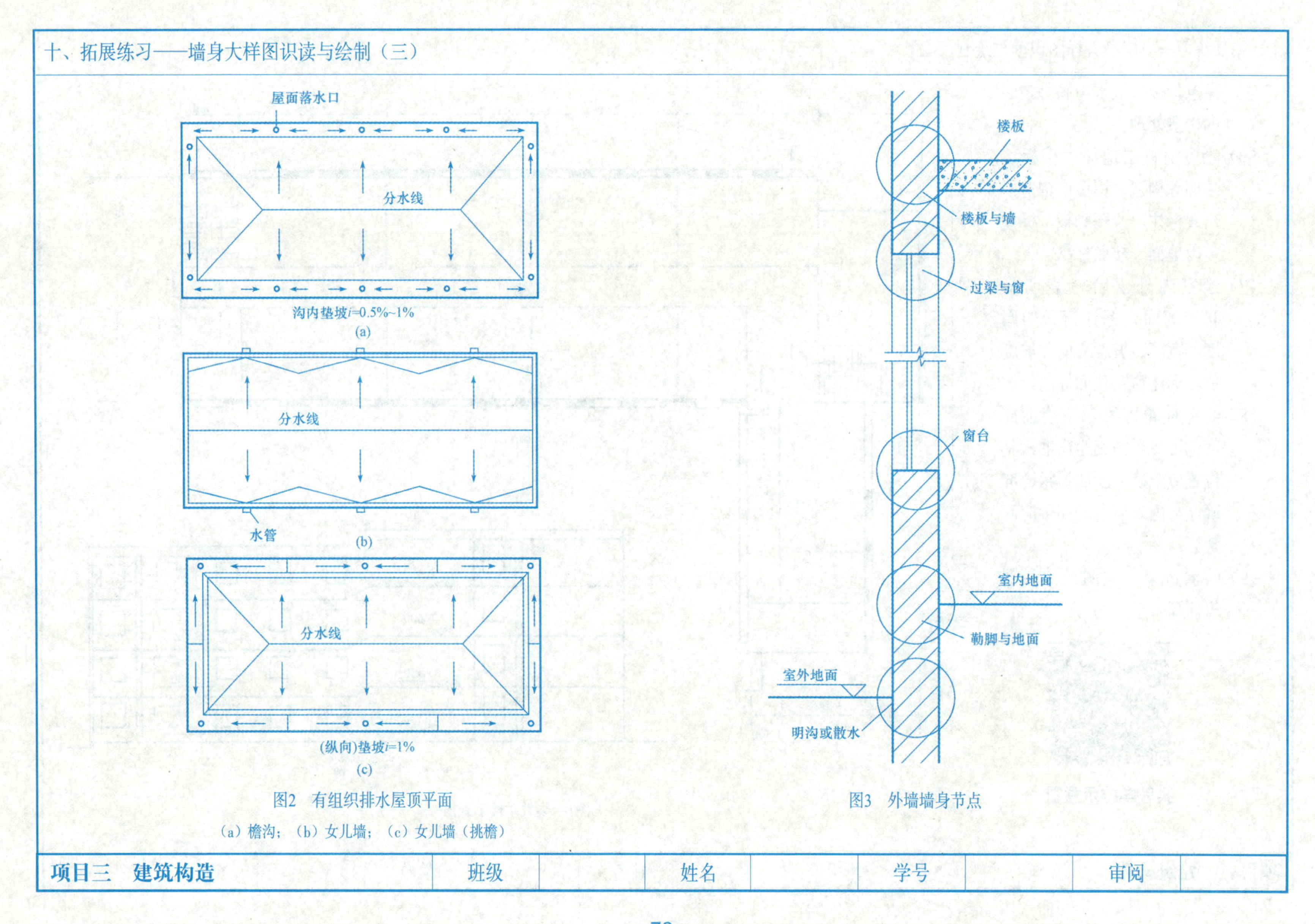

图2　有组织排水屋顶平面

（a）檐沟；（b）女儿墙；（c）女儿墙（挑檐）

图3　外墙墙身节点

项目三　建筑构造	班级		姓名		学号		审阅	

十一、拓展练习——楼梯详图识读与绘制（一）

（一）目的与要求

掌握楼梯构造设计的主要内容，训练绘制和识读施工图的能力。

（二）作业条件

1. 住宅楼梯设计条件

（1）设计一栋四层单元式住宅的楼梯。楼梯间轴线尺寸为：开间2.7 m、进深5.6 m、层高2.8 m。底层有一通向室外的出口，出口处雨篷挑出宽度是1.2 m，室内外高差0.7 m。

（2）平行双跑式楼梯。

（3）现浇钢筋混凝土楼梯。楼梯形式、步数、踏步尺寸、栏杆（栏板）形式、所选用的材料及尺寸均自定。

（4）楼梯间的承重墙为240 mm砖墙。

（5）地面做法由学生自定。

（6）住宅单元门：宽×高=1.4 m×2.0 m。分户门：宽×高=0.9 m×2.0 m。楼梯间外墙开窗采光，窗洞尺寸：宽×高=1.2 m×1.5 m。门窗过梁尺寸自定。

某住宅楼楼梯设计

2. 教学楼楼梯设计条件

（1）设计一栋内廊式，四层教学楼的次要楼梯。内廊宽为1.8 m；楼梯间轴线尺寸为：开间3.3 m、进深6.9 m、层高3.6 m，底层有一通向室外的出口，出口处（门洞尺寸：宽×高=1.4 m×2.0 m）雨篷挑出宽度是1.2 m，室内外高差0.9 m。

（2）平行双跑式楼梯。

（3）现浇钢筋混凝土楼梯。楼梯形式、步数、踏步尺寸、栏杆（栏板）形式、所选用的材料及尺寸均自定。

（4）楼梯间的承重墙为240 mm砖墙。

（5）地面做法由学生自定。

（6）楼梯间外墙开窗采光，窗洞尺寸：宽×高=1.5 m×1.8 m。门窗过梁尺寸自定。

说明：上述两楼梯设计题，可任选其一。

办公楼楼设计举例

（三）作业要求及深度

1.作业要求

（1）本作业共包括六个图：首层平面图、标准层平面图、顶层平面图、剖面图、栏杆（栏板）详图、踏步详图。

（2）比例：平面图和剖面图为1∶50，详图为1∶10。

项目三　建筑构造	班级		姓名		学号		审阅	

（3）使用绘图纸绘制A2幅面图纸一张，以铅笔绘制，不能使用描图纸。

2. 深度

（1）在楼梯平面图中绘出定位轴线，标出定位轴线至墙边的尺寸。绘出门窗、楼梯踏步、折断线（折断线为一条，有些资料和图集为两条，是错误的）。以各层地面为基准标注楼梯的上、下指示箭头，并在上行指示线旁注明到上层的步数和踏步尺寸。

（2）在楼梯各层平面图中注明中间平台及各层地面的标高。

（3）在首层楼梯平面图上注明剖面剖切线的位置及编号，注意剖切线的剖视方向。剖切线应通过楼梯间的门和窗。

（4）平面图上标注三道尺寸。

1）进深方向。

第一道：梯段长=踏面宽×步数。

第二道：楼梯间净长。

第三道：楼梯间进深轴线尺寸。

2）开间方向。

第一道：楼梯段宽度和楼梯井宽。

第二道：楼梯间净宽。

第三道：楼梯间开间轴线尺寸。

（5）首层平面图上要绘出室内（外）台阶、散水。如绘二层平面图应绘出雨篷，三层或三层以上平面图不再绘雨篷。

（6）剖面图应注意剖视方向，不要把方向弄错。剖面图可绘制顶层栏杆（栏板）扶手，其上用折断线切断，暂不绘屋顶。

（7）剖面图的内容：楼梯的断面形式，栏杆（栏板）、扶手的形式，墙、楼板和楼层地面、顶棚、台阶、室外地面、首层地面等。

（8）注出材料符号。

（9）标注标高：室内地面，室外地面，各层平台，各层地面，窗台及窗顶，门顶，雨篷上、下皮等处。

（10）在剖面图中绘出定位轴线，并标注定位轴线间的尺寸。注出详图索引等。

（11）详图应注明材料、做法和尺寸。与详图无关的连续部分可用折断线断开。注出详图编号。

十二、拓展练习——单层工业厂房柱网及厂房平面图、剖面图识读与绘制（一）

（一）目的与要求

通过单层厂房平面图、剖面图及局部详图的绘制，掌握单层厂房定位轴线划分的原则和方法，柱与定位轴线之间的联系。

（二）设计条件

某金工装配车间的平面示意图，如图1所示，厂房纵跨分别为12 000 mm、12 000 mm、18 000 mm，横向装配车间跨度为18 000 mm，采用6 m柱距。各跨在△位置设置通行大门，大门尺寸为3 300 mm×3 000 mm，每个柱距内设一樘窗或带形窗。单层厂房在济南地区市郊的平整地带，按当地气候条件的影响及本地区较为常用的建筑构造做法。可参照教材有关构造做法及任务书所列构件资料进行设计。

（三）图纸内容

1. 平面图（A2幅画图纸一张，1∶200）

划分厂房定位轴线，布置厂房柱网，绘出厂房柱断面。布置围护结构、侧窗及大门，门口设坡道、外墙设散水。绘出起重机轨道中心线，各跨起重机轮廓线，标明吨位、跨度、轨顶标高，轨道中心线至纵向定位轴线距离e及轴线间插入距a_i。标出室内标高，划分并注明各工段位置、名称。标注三道尺寸、图名及比例。

2. 横向剖面图及详图（用一张A2幅画图纸）

（1）横向剖面图（1∶100）。绘出剖面中可见的所有内容，确定可行的排水方案，标注屋顶及地面的构造做法。标注两道尺寸及厂房、柱顶、轨顶、连系梁等的标高，标注轴线并编号，标出详图索引号。

（2）详图（1∶20~1∶50）。高低跨屋面详图包括檐口、高低跨处的排水泛水处理，封墙、屋面的剖面及其他可见部分（可在柱和屋架处折断）。

天窗主要部位详图应包括天窗屋顶及排水方式，天窗侧板与天窗架、屋架的连接，泛水处理，天窗扇等（可在天窗架和天窗处折断）。标注出较详细的构造做法、材料的尺寸标高。

相关图纸详见图2至图15。

项目三　建筑构造	班级		姓名		学号		审阅	

十二、拓展练习——单层工业厂房柱网及厂房平面图、剖面图识读与绘制（二）

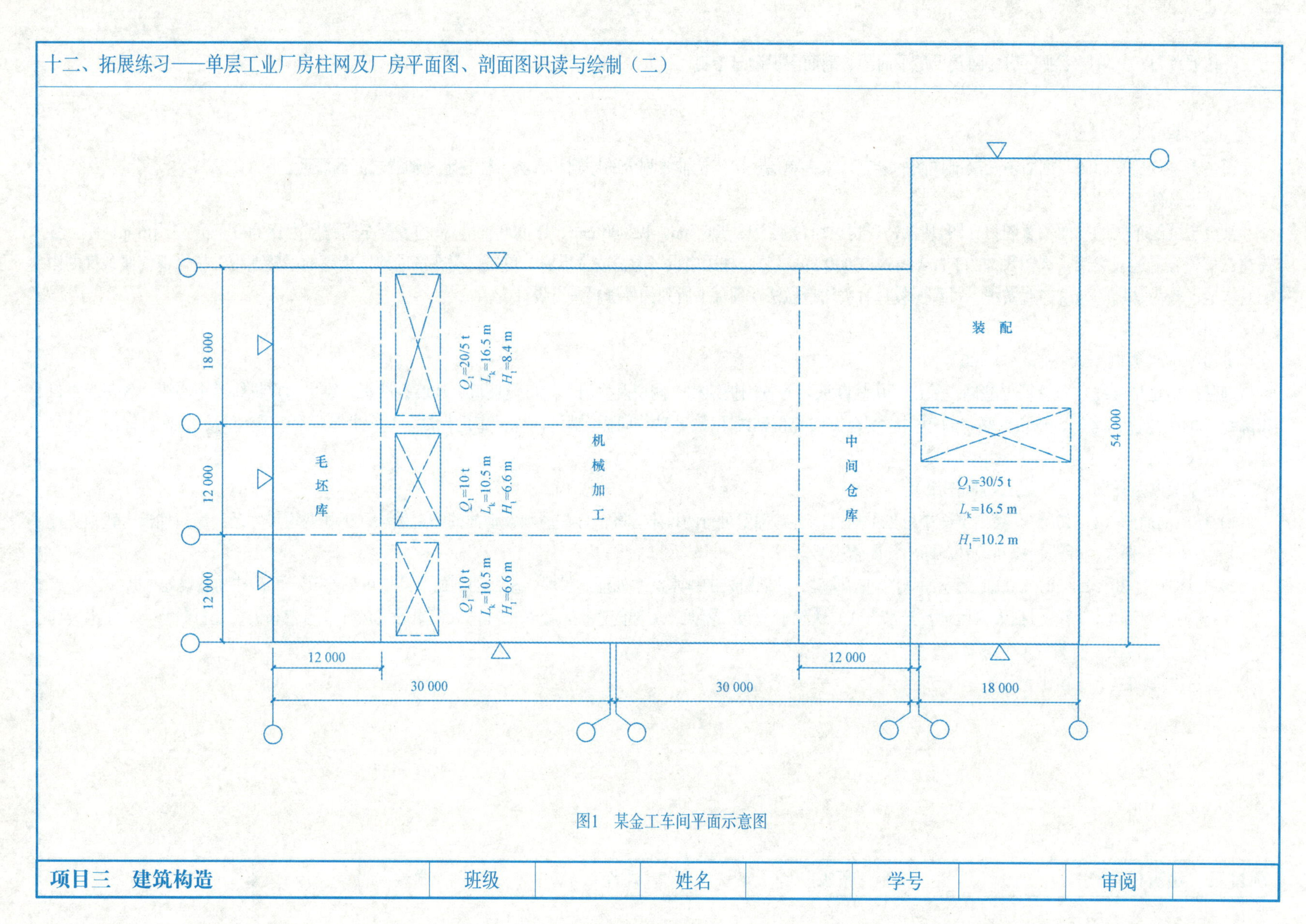

图1 某金工车间平面示意图

项目三 建筑构造	班级		姓名		学号		审阅	

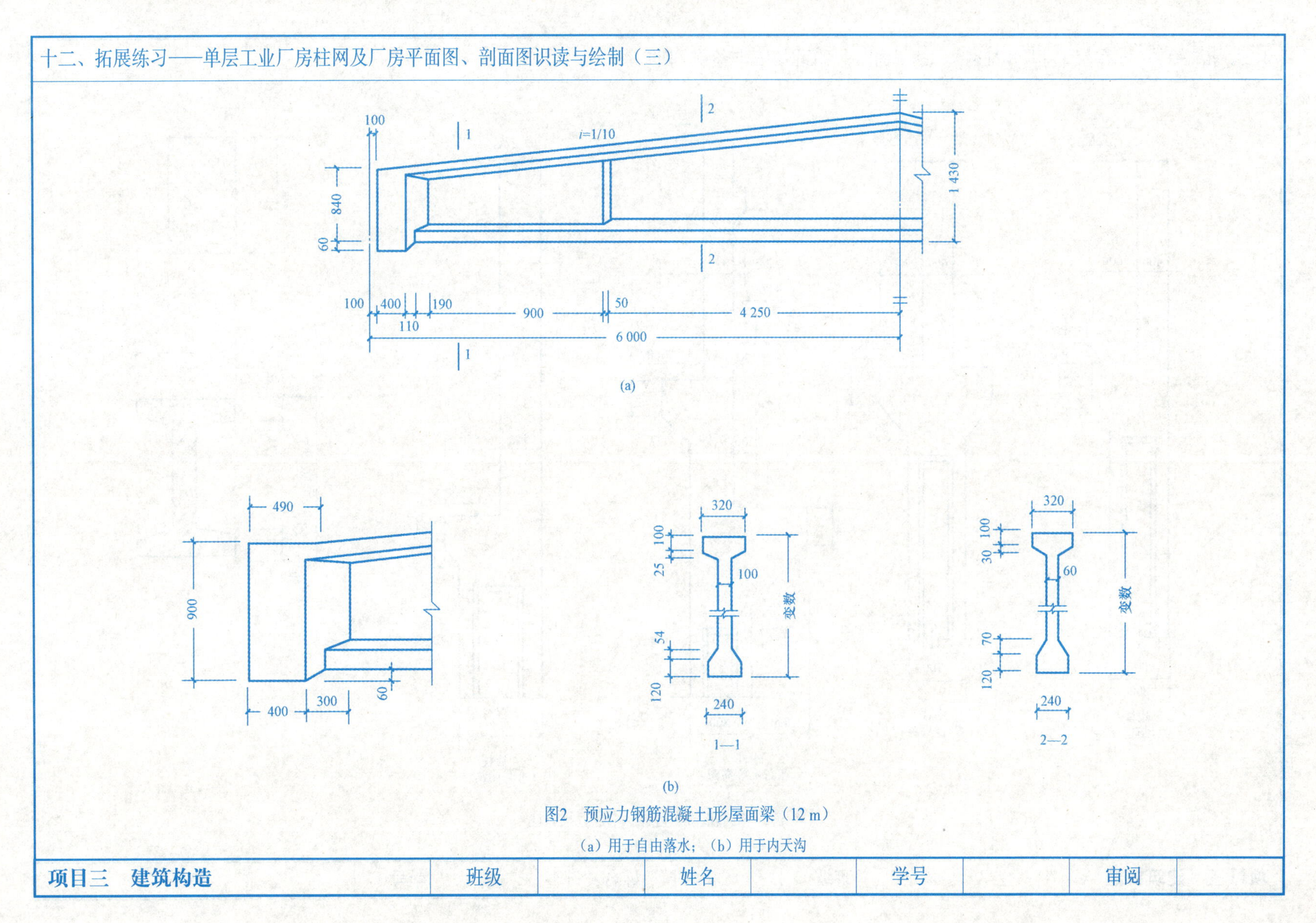

图2　预应力钢筋混凝土I形屋面梁（12 m）

（a）用于自由落水；（b）用于内天沟

项目三　建筑构造	班级		姓名		学号		审阅	

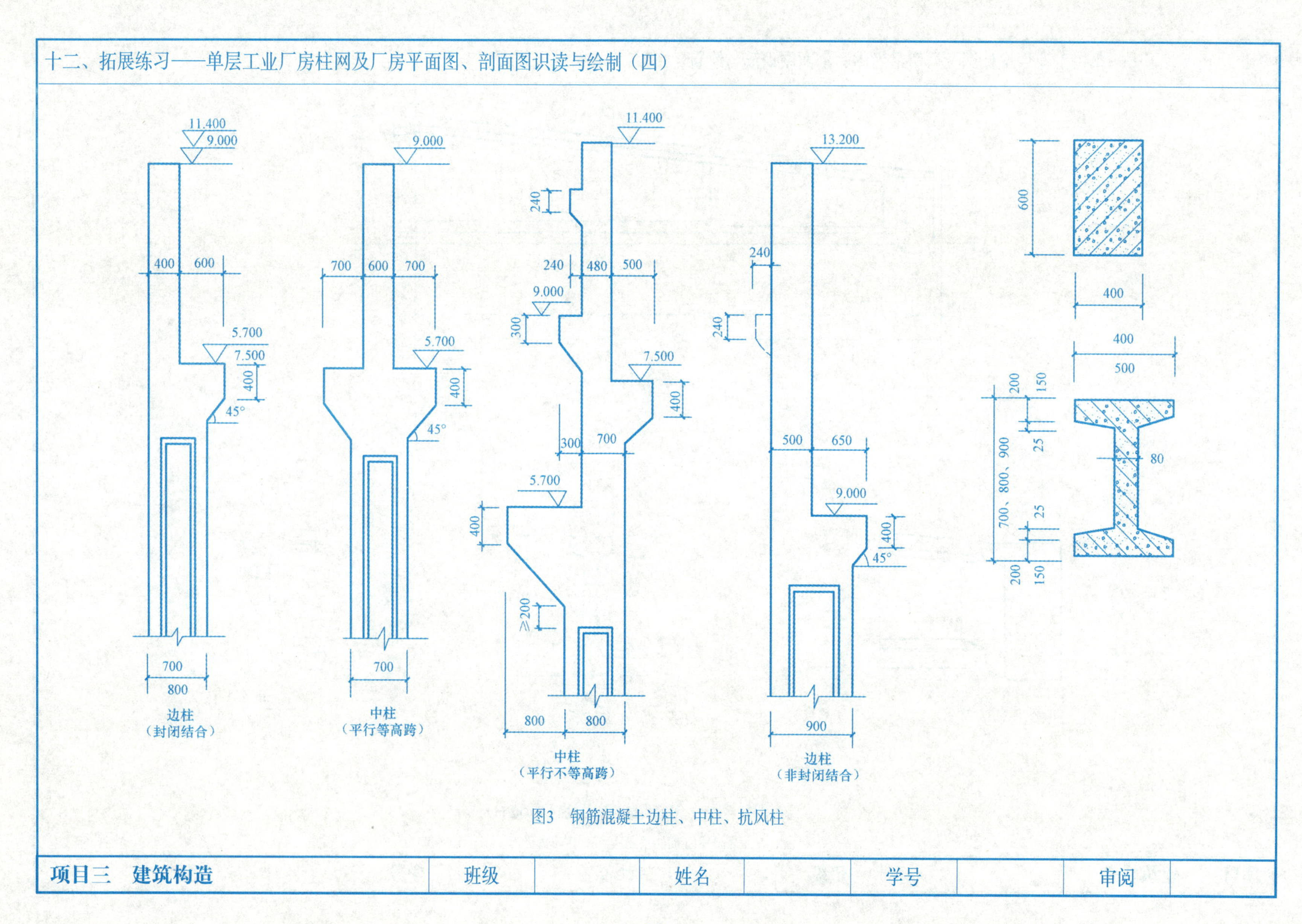

图3　钢筋混凝土边柱、中柱、抗风柱

十二、拓展练习——单层工业厂房柱网及厂房平面图、剖面图识读与绘制（五）

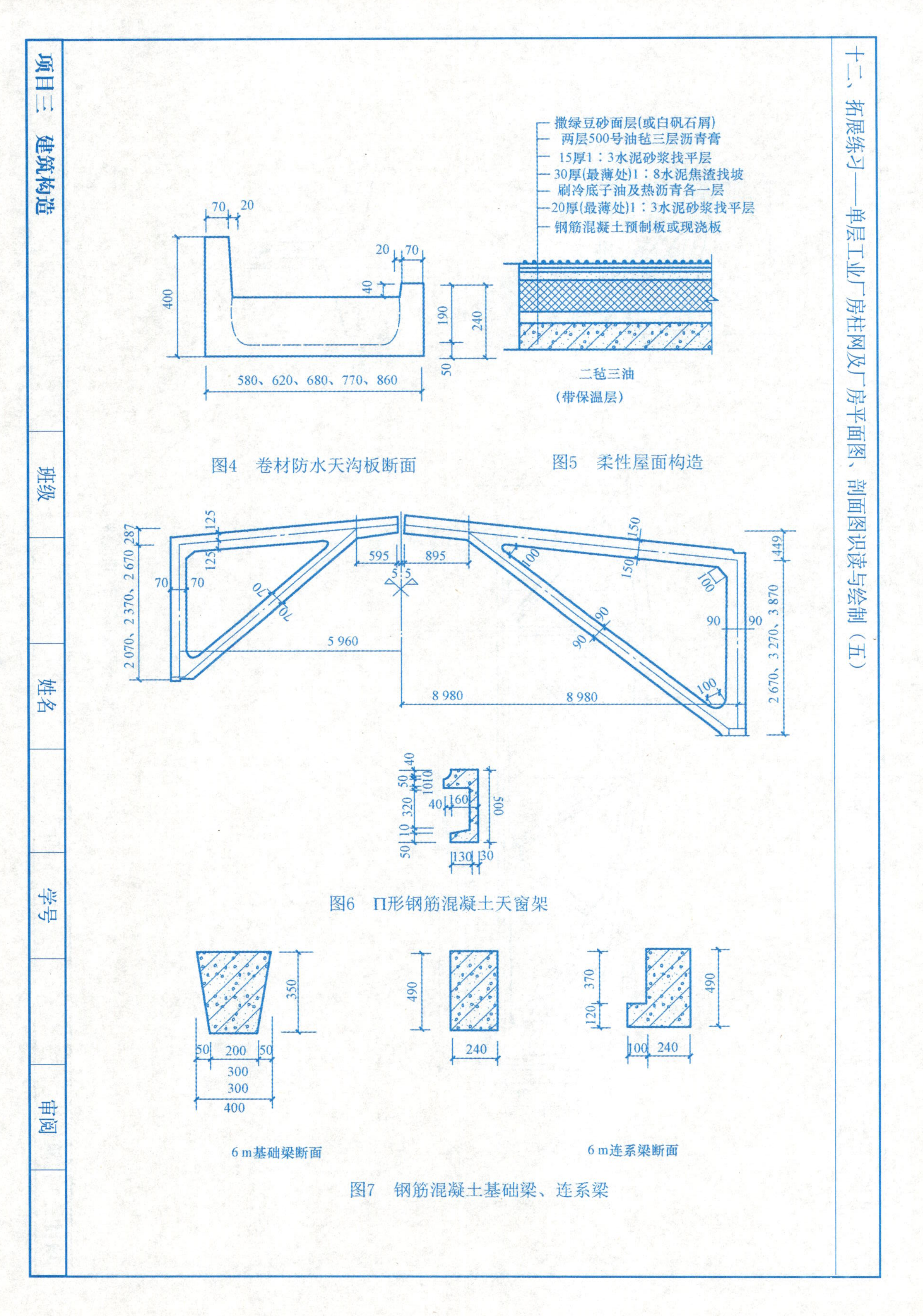

图4　卷材防水天沟板断面

图5　柔性屋面构造

图6　П形钢筋混凝土天窗架

图7　钢筋混凝土基础梁、连系梁

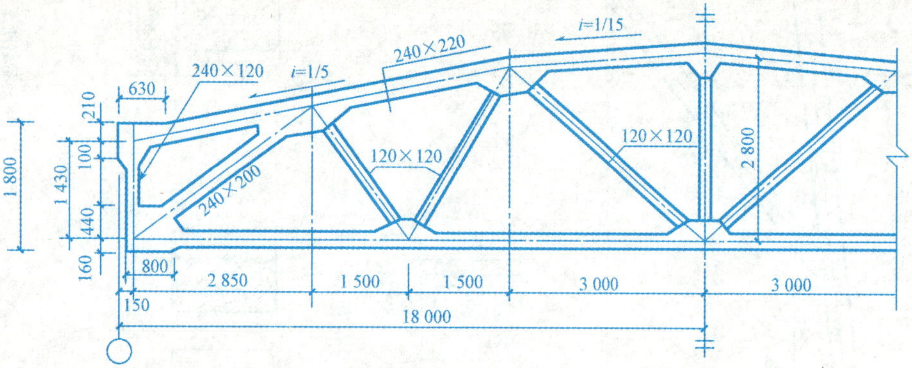

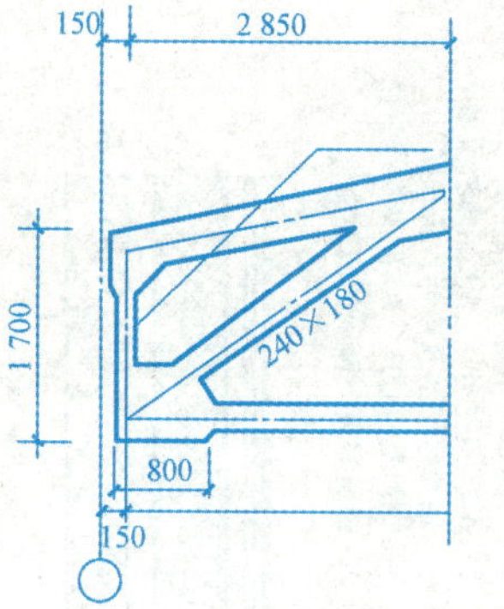

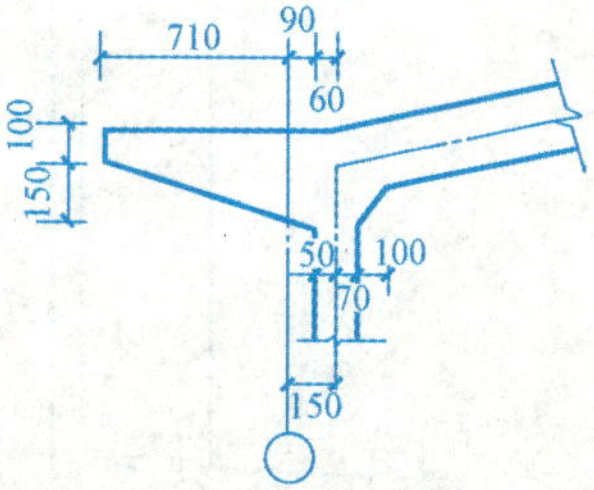

十二、拓展练习——单层工业厂房柱网及厂房平面图、剖面图识读与绘制（六）

图8　预应力钢筋混凝土折线形屋架（跨度18 m）

项目三　建筑构造	班级		姓名		学号		审阅	

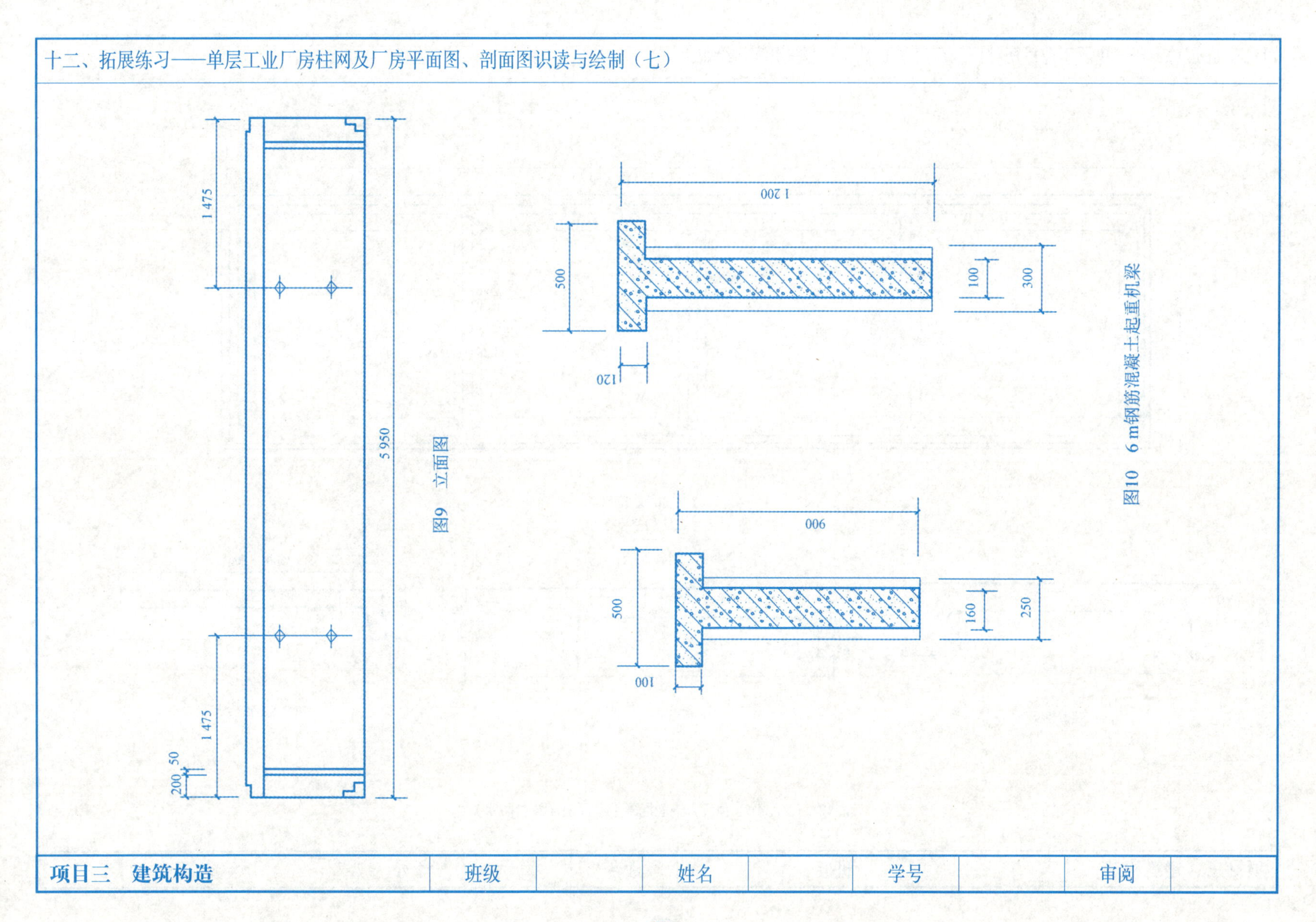

图9　立面图

图10　6 m钢筋混凝土起重机梁

十二、拓展练习——单层工业厂房柱网及厂房平面图、剖面图识读与绘制（八）

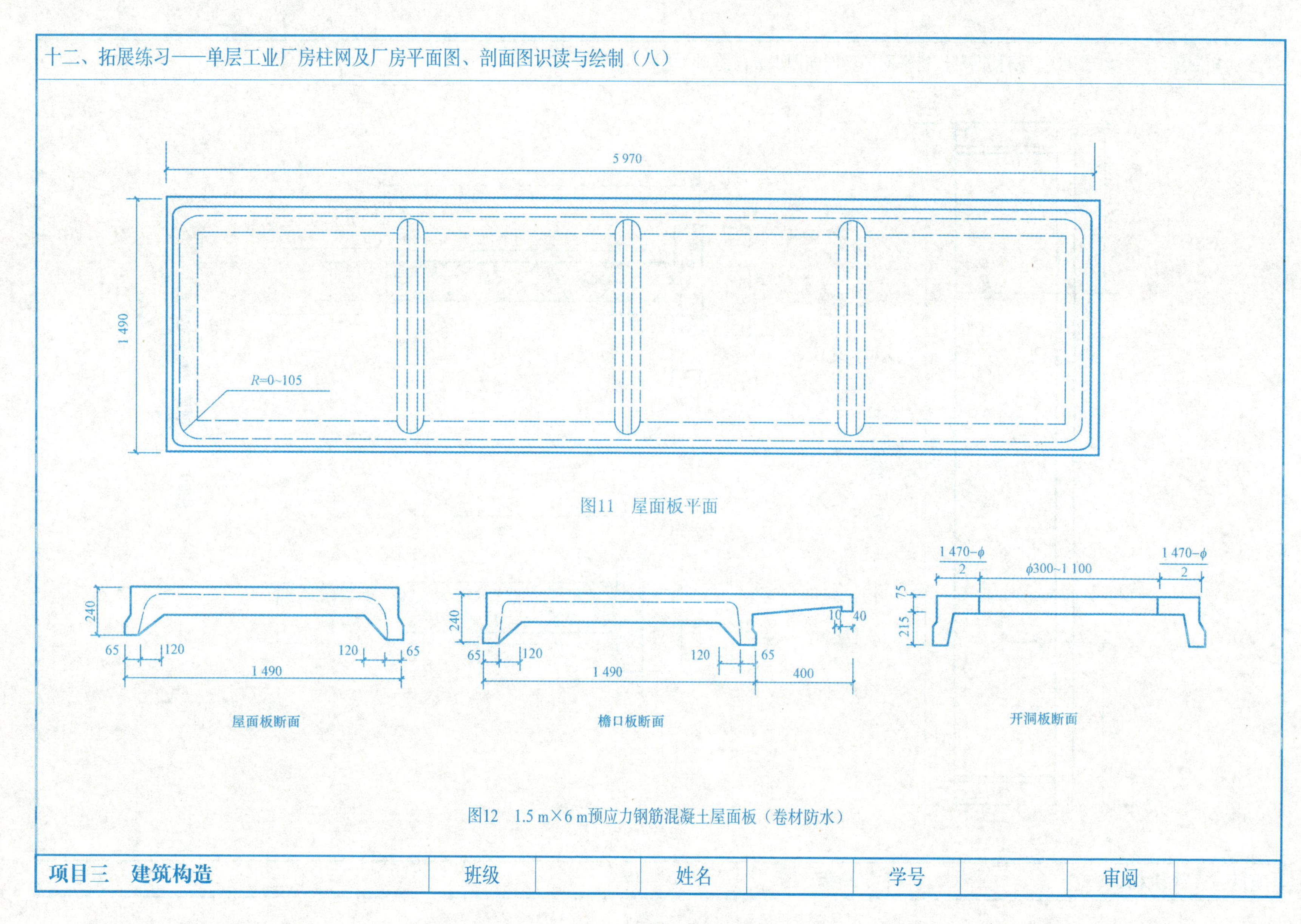

图11　屋面板平面

图12　1.5 m×6 m预应力钢筋混凝土屋面板（卷材防水）

项目三　建筑构造	班级		姓名		学号		审阅	

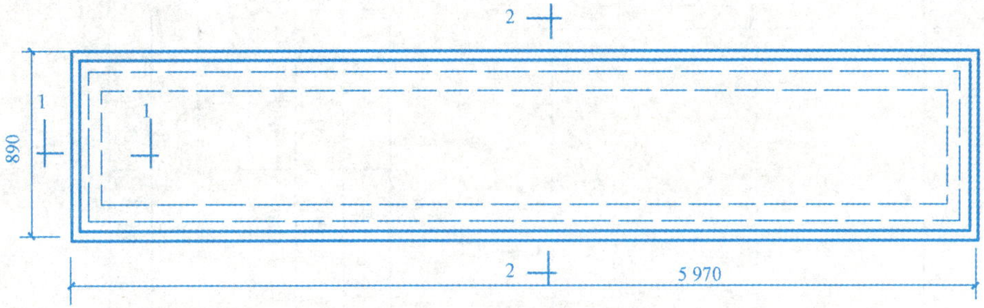

图13　嵌板平面图

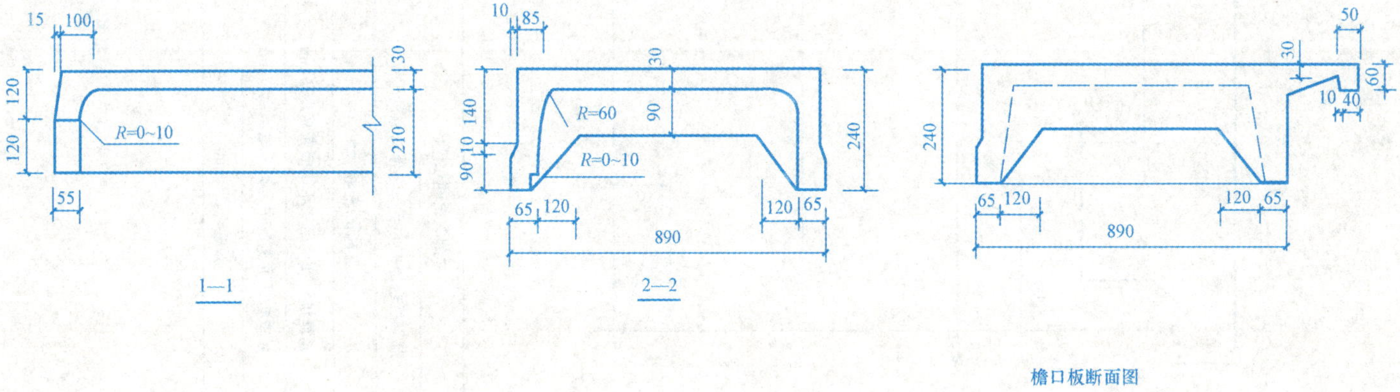

檐口板断面图

图14　0.9 m×6.0 m预应力钢筋混凝土屋面板（卷材防水嵌板、檐口板）

项目三　建筑构造	班级		姓名		学号		审阅	

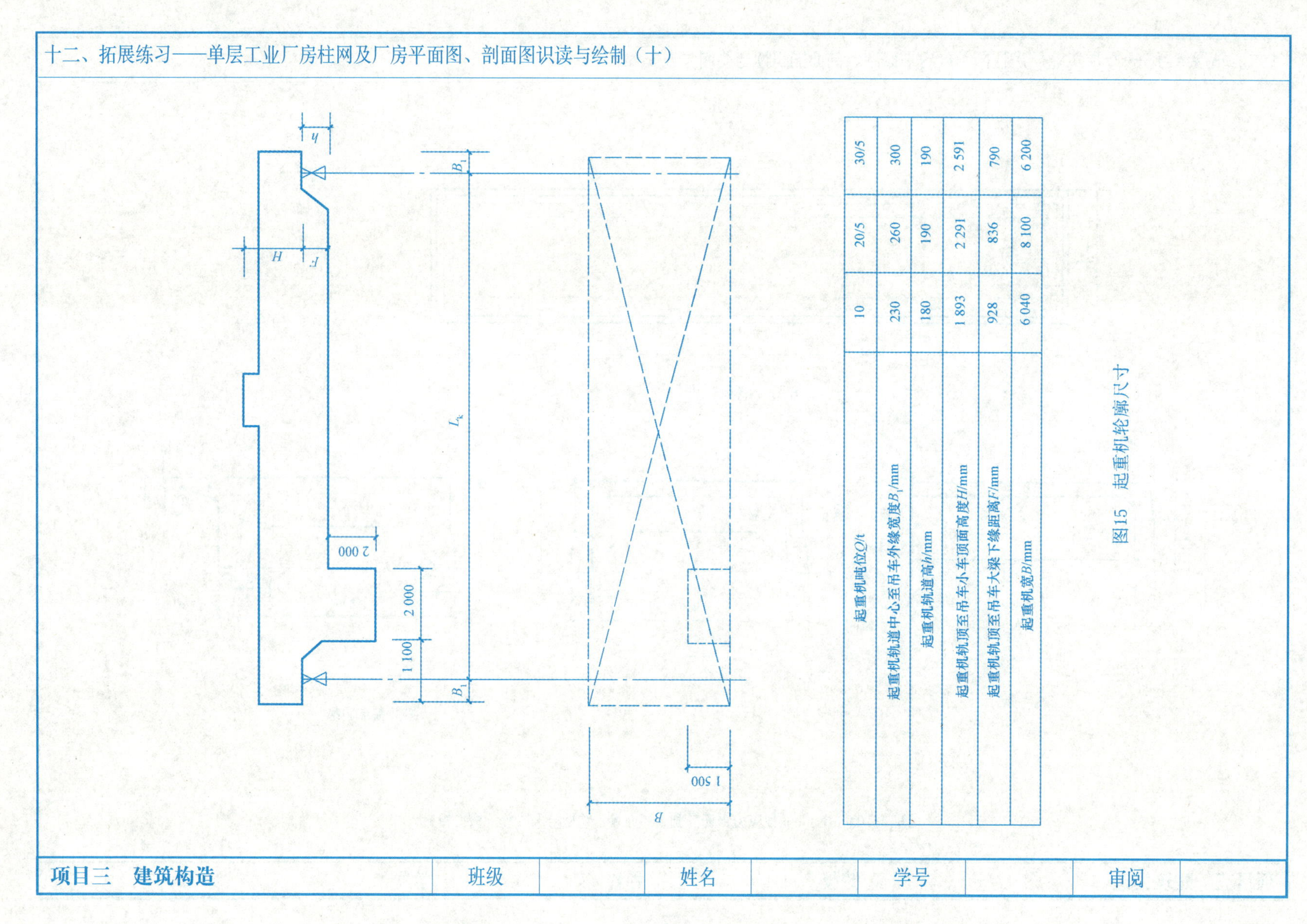

起重机吨位Q/t	10	20/5	30/5
起重机轨道中心至吊车外缘宽度B_1/mm	230	260	300
起重机轨道高h/mm	180	190	190
起重机轨顶至吊车小车顶面高度H/mm	1 893	2 291	2 591
起重机轨顶至吊车大梁下缘距离F/mm	928	836	790
起重机宽B/mm	6 040	8 100	6 200

图15　起重机轮廓尺寸

一、理论作业（一）

1. 建筑工程设计是指设计一个建筑物或建筑群所要做的全部工作，包括____________设计、____________设计、____________设计三个方面的内容。

2. 一套房屋施工图是由建筑、结构、设备（给水排水、采暖通风、电气）等专业共同配合协调，在技术设计的基础上绘制而成的。房屋施工图分为______施工图、____________施工图、____________施工图。

3. 建筑设计过程按工程复杂程度、规模大小及审批要求，划分为不同的设计阶段。一般分为________________设计阶段、______________设计阶段、_____________设计阶段。

4. 画出下列材料图例：自然土壤、夯实土壤、砂、灰土、普通砖、空心砖、混凝土、钢筋混凝土、多孔材料、毛石。

砂灰土　　普通砖　　空心砖　　自然土壤

夯实土壤

混凝土　　钢筋混凝土　　多孔材料　　毛石

5. 建筑总平面图可作为拟建房屋____________、施工____________、____________以及施工____________布置的依据。

6. 建筑平面图（除屋顶平面图之外）是剖切部位一般________________________外的水平剖视图。

7. 建筑平面图主要反映房屋的__________、__________和__________、墙（或柱）的位置、__________、门窗的位置、___________等情况。一般来说，六层房屋应分别画出六层建筑平面图。当六层房屋的二至四层平面布置完全相同时，可用同一个平面表示，该平面图称为_______平面图。

项目四　工程施工图基础	班级		姓名		学号		审阅	

一、理论作业（二）

8. 画出（局部）平面图中定位轴线的圆圈并标注定位轴线编号。

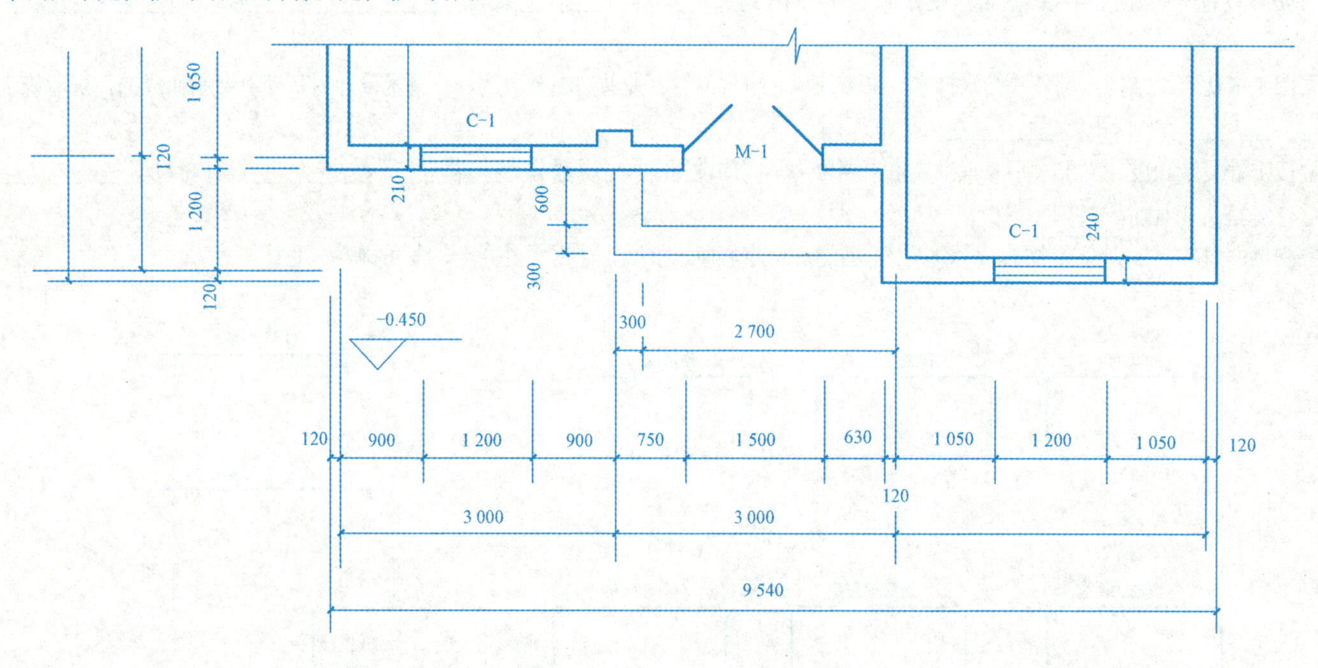

9. 阅读下页的总平面图，把其有关图例名称填写在下页右侧图例的下方，并把各建筑物的层数和地面标高填入表内。

名称	厨房	饭厅	浴室	教学楼	宿舍
层数					
名称	饭厅地坪		室外整平地坪		道路
标高					

项目四　工程施工图基础	班级		姓名		学号		审阅	

一、理论作业（三）

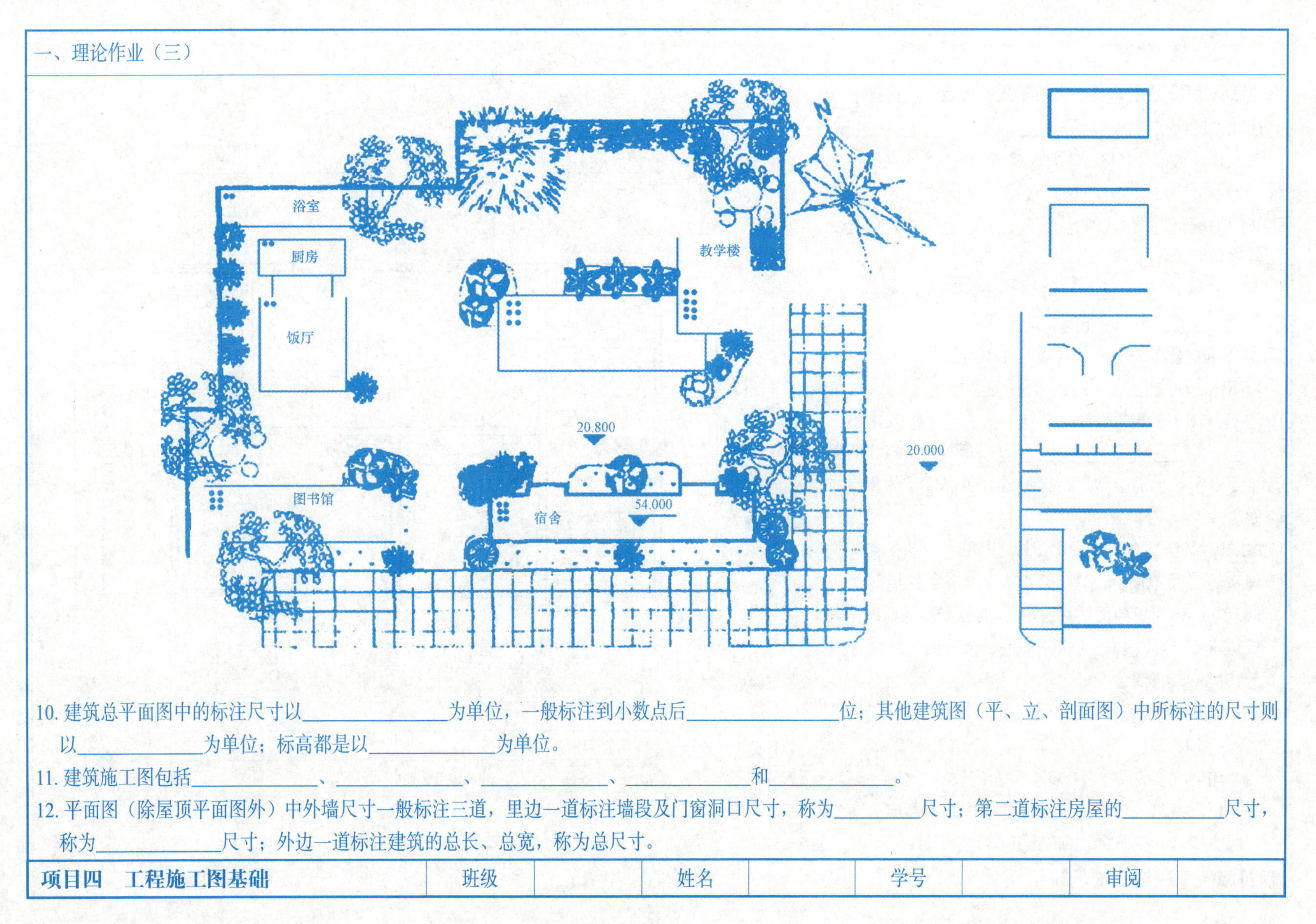

10. 建筑总平面图中的标注尺寸以____________为单位，一般标注到小数点后____________位；其他建筑图（平、立、剖面图）中所标注的尺寸则以__________为单位；标高都是以__________为单位。

11. 建筑施工图包括__________、__________、__________、__________和__________。

12. 平面图（除屋顶平面图外）中外墙尺寸一般标注三道，里边一道标注墙段及门窗洞口尺寸，称为_______尺寸；第二道标注房屋的________尺寸，称为__________尺寸；外边一道标注建筑的总长、总宽，称为总尺寸。

项目四　工程施工图基础	班级		姓名		学号		审阅	

一、理论作业（四）

13. 屋顶平面图是用来表达房屋屋顶的形状，屋面排水方向及坡度，檐沟、____、____、____、____、____、上人孔、水箱及其他构筑物的位置和索引符号等。

14. 在详图索引符号中，水平直径线及符号圆圈均以细实线绘制，圆的直径为____________，水平直径线将圆分为上下两部分，上方注写____________，下方注写__________，如详图绘制在本张图纸上，则在__________画一段细实线即可。

15. 详图的位置和编号应以详图符号（详图标志）表示。详图标志应以______绘制，直径为_______。

16. 楼梯详图一般包括楼梯________、________及踏步、____________、____________等处的节点详图，主要表示楼梯的类型、结构形式、各部位尺寸及装饰做法。

17. 右图为某浴室的建筑平面图。设进厅、更衣室、管理室等房间地面标高为±0.000；淋浴室的地面比它低50 mm；厕所地面比它低20 mm；锅炉房的地面比它低30 mm；台阶顶面比它低20 mm，台阶的每级踏步高为150 mm。要求：

（1）按建筑平面图中各种线型的宽度要求，用铅笔进行加深。

（2）注全所有的尺寸及标高，写全定位轴线编号。

（3）该浴室出入口所在立面（外墙面）的朝向为南偏西30°，在平面图的右下角画上指北针。

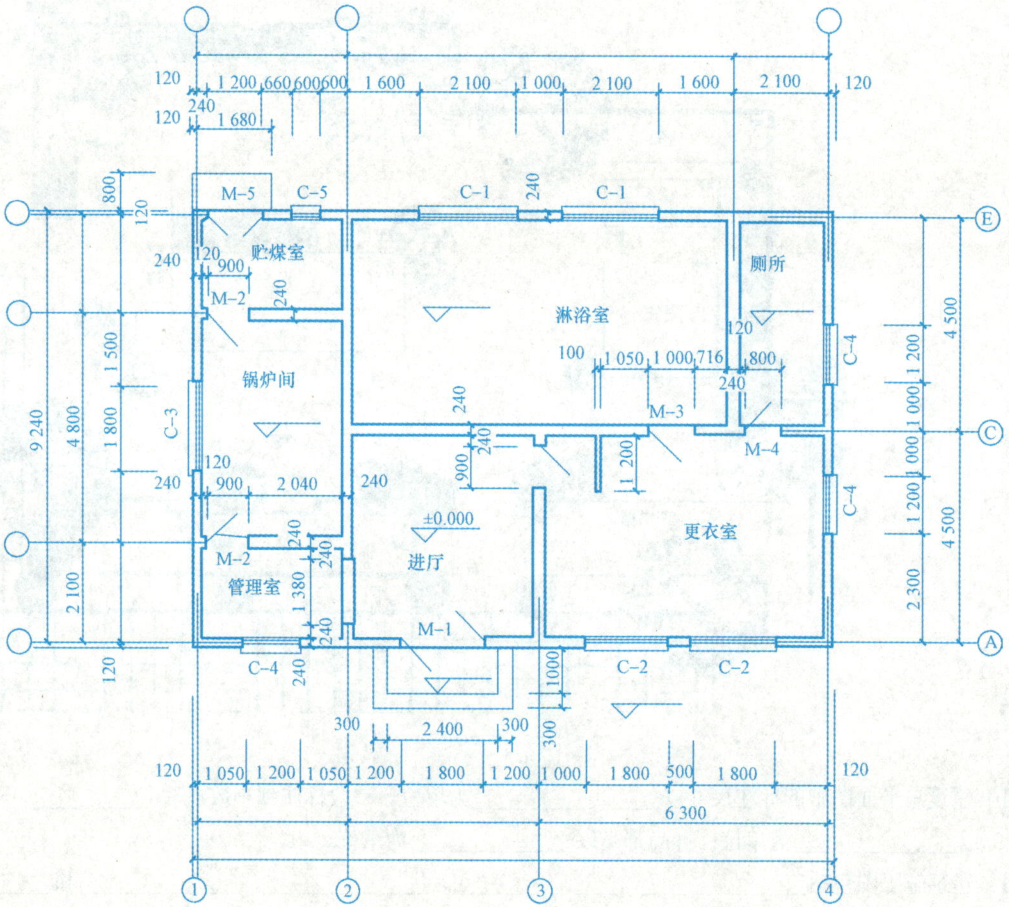

项目四　工程施工图基础	班级		姓名		学号		审阅	

一、理论作业（五）

18. 一般房屋有四个立面，通常把反映房屋主要出入口或反映主要造型特征的立面用来命名，如__________图、__________图、背立面图等；也可以按房屋各立面的朝向确定名称，如__________图、__________图、西立面图等；或用立面图两端__________编注立面图名称。

19. 建筑立面图是平行于建筑物各个立面（外墙面）的正投影图。它主要反映建筑物的体型和外貌、__________、墙面的材料和装饰做法等，是施工的重要依据。

20. 立面图的比例一般与平面图相同，常采用__________的比例绘制图纸。

21. 在立面图中，门窗用图例表示，如下图所示，在下列门窗立面图中画出开启方向符号。

外开平开窗

推拉窗

外开平开门

项目四　工程施工图基础	班级		姓名		学号		审阅	

一、理论作业（六）

22．下图为某浴室①—③立面图（南立面图）。

要求：（1）按建筑立面图中各种线的宽度要求，用铅笔进行加深。

（2）在立面图中，标出各部分的标高，具体标高值如下表所示。

（3）在窗图例中按实际可能画出开启方向符号。

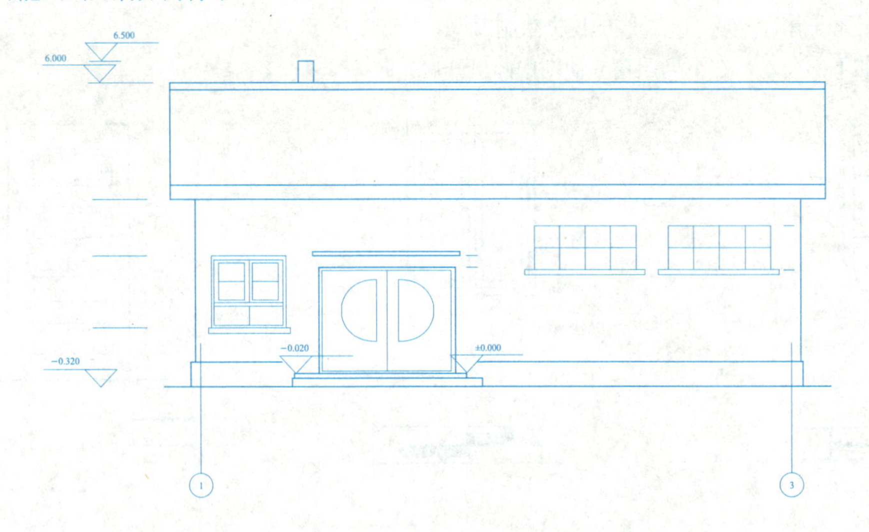

名称	屋檐底面	雨篷底面	门洞顶面	勒脚
标高/m	3.600	2.400	2.100	0.130

名称	左侧窗洞顶面	左侧窗台面	右侧窗洞顶面	右侧窗台面
标高/m	2.400	0.900	3.000	2.100

项目四　工程施工图基础	班级		姓名		学号		审阅	

一、理论作业（七）

23. 建筑剖面图主要用于表示建筑物内部结构、_________、楼地面和屋面的构造及_______在垂直方向的相互关系等。

24. 剖面图的剖切位置一般选择在房屋内部____________的位置，而且能够同时体现出其内部的水平交通路线或垂直交通路线的部位。表示剖面图剖切位置线及剖切编号应写在___________层平面图中。

25. 建筑剖面图一般与建筑平、立面图一样，采用_______的比例绘制。当剖面图比较复杂时，也可采用较大的比例，如1∶50。

26. 建筑剖面图必须标注________尺寸和_______。外墙的高度尺寸一般标注三道：最外侧一道尺寸为室外地面以上的_______尺寸；中间一道为_____尺寸；里面一道尺寸为门、窗洞及窗间墙的_____尺寸。

27. 在建筑剖面图中还应标注出房屋内部的一些标高，如窗台过梁、____、____、屋面、____等处的标高。

28. 建筑详图是平、立、剖面图的一种补充。建筑详图所画的节点部位，除应在相应的平、立、剖面图中标出它的_____外，还需要在所画详图的下方标出比例，必要时还应写明______，以便查阅。

二、某学院传达室施工图识读与临摹——作业要求

（一）目的

（1）了解房屋建筑平、立、剖面图的内容和表示方法。

（2）学习绘制建筑平、立、剖面图的方法和步骤。

（3）学习正确使用绘图仪器和工具，绘制专业施工图，学会布置图纸幅面，将所需表达的内容完整恰当的布置在图面内。

（二）内容

用1∶100的比例，抄绘作业图样中给出的单元平面图、单元立面图和1—1剖面图。

（三）绘图方法和步骤

1. 绘制平面图的方法和步骤

（1）平面图中图线线宽层次规定如下：被剖切的墙身轮廓线用粗实线；被剖切的非承重墙身轮廓线、台阶、散水，未剖切到的可见墙身轮廓线、门开启线等用中实线；轴线、尺寸线、尺寸界线、图例等用细实线。

（2）字号：轴线编号的圆圈直径为8 mm，中间写5号字；尺寸数字用3.5号字；门窗编号、剖切符号编号、表示楼梯上下方向的文字等用5号字；平面图中仅标注外墙的三道尺寸，其他尺寸一律省略。

2. 绘制立面图的方法和步骤

立面图中图线线宽层次规定如下：立面图外形轮廓线用粗实线；门窗洞口、檐口、阳台、勒脚等轮廓线用中实线；门窗分格线、尺寸线、尺寸界线等用细实线；地坪线用特粗实线；轴线编号同平面图，标高数字用3.5号字。

3. 绘制剖面图的方法和步骤

绘制剖面图时，须参考平面图、立面图中的有关尺寸；图线线宽的层次和字号同平面图；剖面图中省略不画材料图例。

项目四　工程施工图基础	班级		姓名		学号		审阅	

建筑设计说明

一、工程概况

1. 本工程为××学院东校传达室,地上一层。
2. 工程所处的位置见总平面图。
3. 本工程建筑面积为72 m^2。
4. 本工程采用框架结构形式。
5. 本工程的耐久年限按50年考虑。

二、设计依据

1. 建设单位提供的项目审批文件、技术资料、设计任务书。
2. 规划局提供的规划定点资料。
3. 《民用建筑设计统一标准》(GB 50352—2019)。
4. 《建筑设计防火规范(2018年版)》(GB 50016—2014)。
5. 《严寒和寒冷地区居住建筑节能设计标准》(JGJ 26—2018)。

三、一般说明及要求

1. 建筑室内±0.000相当于绝对标高由现场确定。
2. 除特别标注外,图中尺寸数字均为“mm”。
3. 除特别标注外,凡未标的墙厚均为240 mm。
4. 建筑做法除特别注明外均按L96J002中的说明。
5. 除特别标注外,墙柱中心均通过轴线。
6. 各专业图的标高均以建筑标高为准(楼面为地面面层高度,屋面为楼板顶面高度)。
7. 卫生间地面高度(最高高度)低于室内地面20 mm。
8. 凡未标注的墙垛尺寸均为120 mm。
9. 构造柱按结构图进行设置。
10. 外墙上的门窗气密性要求达到Ⅲ级。
11. 各建筑配件所需要的预埋件、预留洞均按相应的详图施工,本图不再标出。
12. 设计文件未表达的事项均遵照国家施工规范规程以及省、市住建部门和质检部门的规定进行施工。

建筑做法明细表

项目	房间名称	部位	标准做法	备注
地面	卫生间		地25	红色铺地砖地面
地面	其他		地25	铺地砖地面,颜色同墙面
屋面	平屋面		屋34	聚氨酯保温防水　按二级防水 80厚　白色ϕ　30卵石满铺(要求无色差)
内墙	卫生间		内墙31	釉面砖,颜色同墙面
内墙	其他		内墙6	混合砂浆　刷内墙涂料
外墙			外墙38	挂贴花岗石墙面
踢脚	其他		踢12	釉面砖　高120
顶棚	卫生间		棚5	水泥砂浆　刷内墙涂料
顶棚	室内		棚6	混合砂浆　刷内墙涂料
顶棚	室外		外墙27	仿石涂料,颜色同室外相邻花岗岩墙面
油漆	铁件			

门窗表

	型号	宽×高	数量	门窗图集编号	备注
			合计		
门窗	M1	1 200×2 500	1		铝合金门　深棕色氧化膜
	M2	1 000×2 100	1		铝合金门　深棕色氧化膜
	M3	900×2 000	1		幕墙公司依尺寸定做, 50宽亚光不锈钢装饰框

项目四　工程施工图基础	班级		姓名		学号		审阅	

平面图（作业样图）

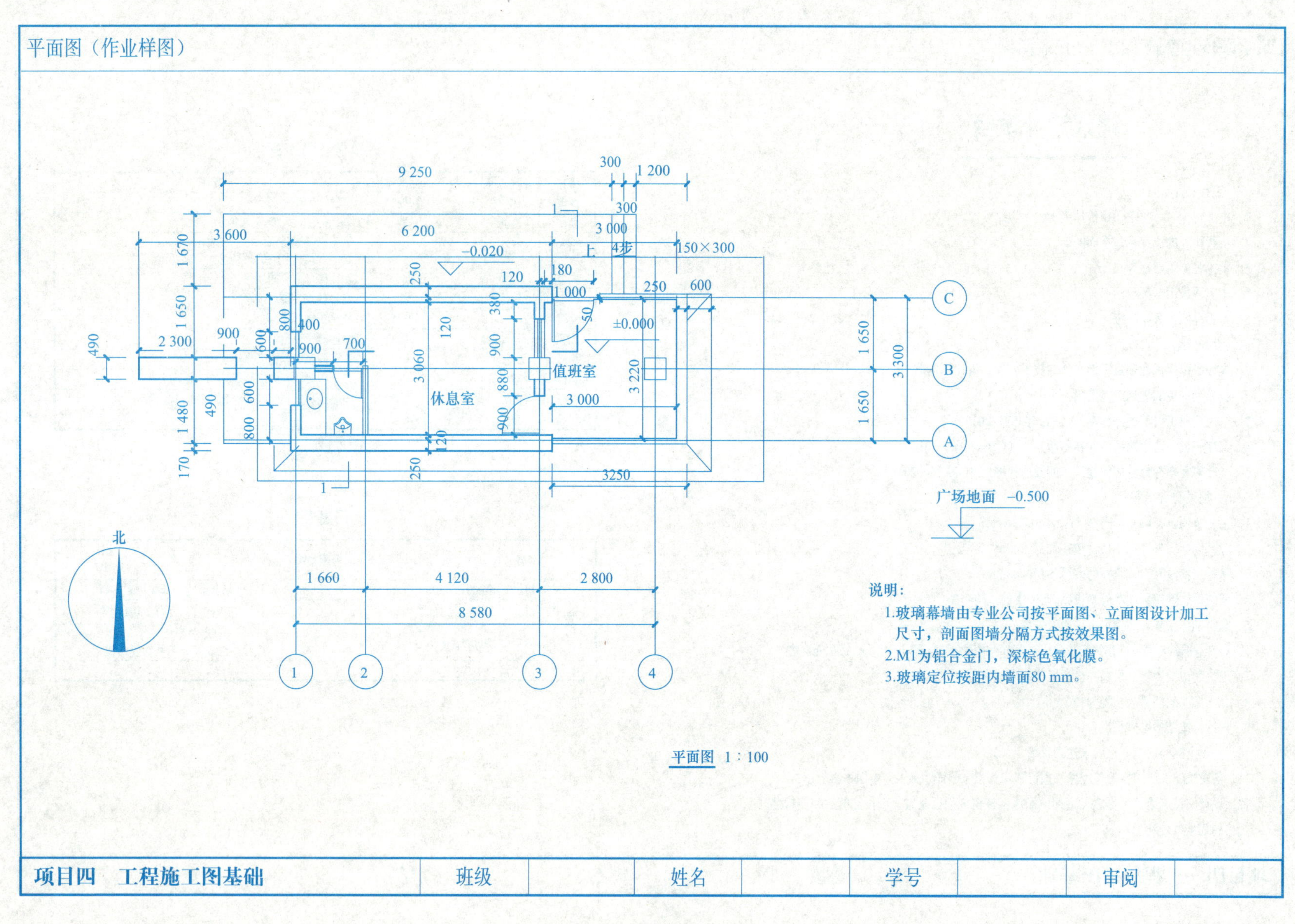

说明：

1.玻璃幕墙由专业公司按平面图、立面图设计加工尺寸，剖面图墙分隔方式按效果图。

2.M1为铝合金门，深棕色氧化膜。

3.玻璃定位按距内墙面80 mm。

平面图 1∶100

项目四 工程施工图基础	班级		姓名		学号		审阅	

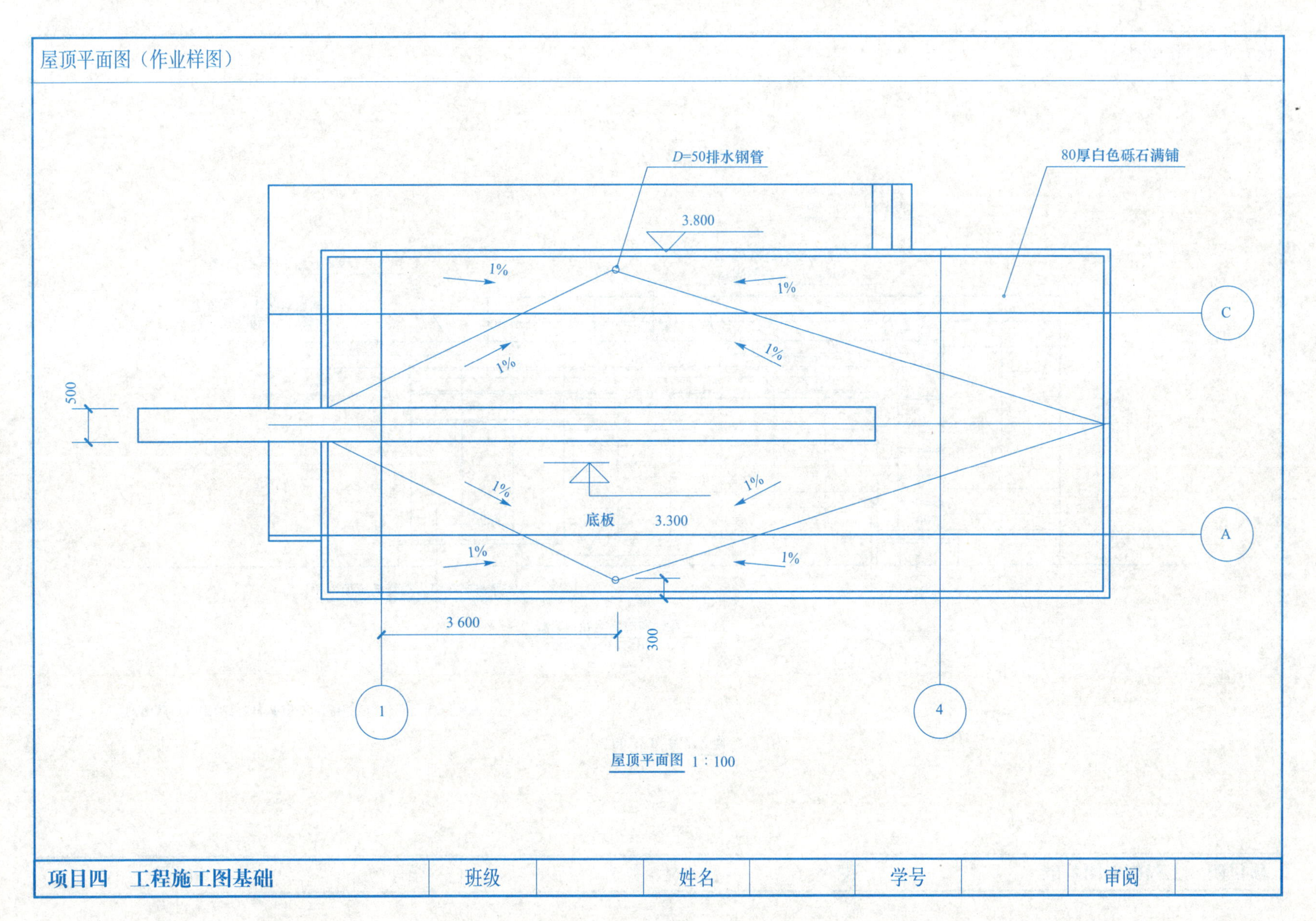
屋顶平面图（作业样图）
D=50排水钢管
80厚白色砾石满铺
3.800
1%
1%
1%
1%
C
500
1%
1%
底板
3.300
A
1%
1%
3 600
300
1
4
屋顶平面图 1：100
项目四 工程施工图基础
班级
姓名
学号
审阅

南立面图（作业图样）

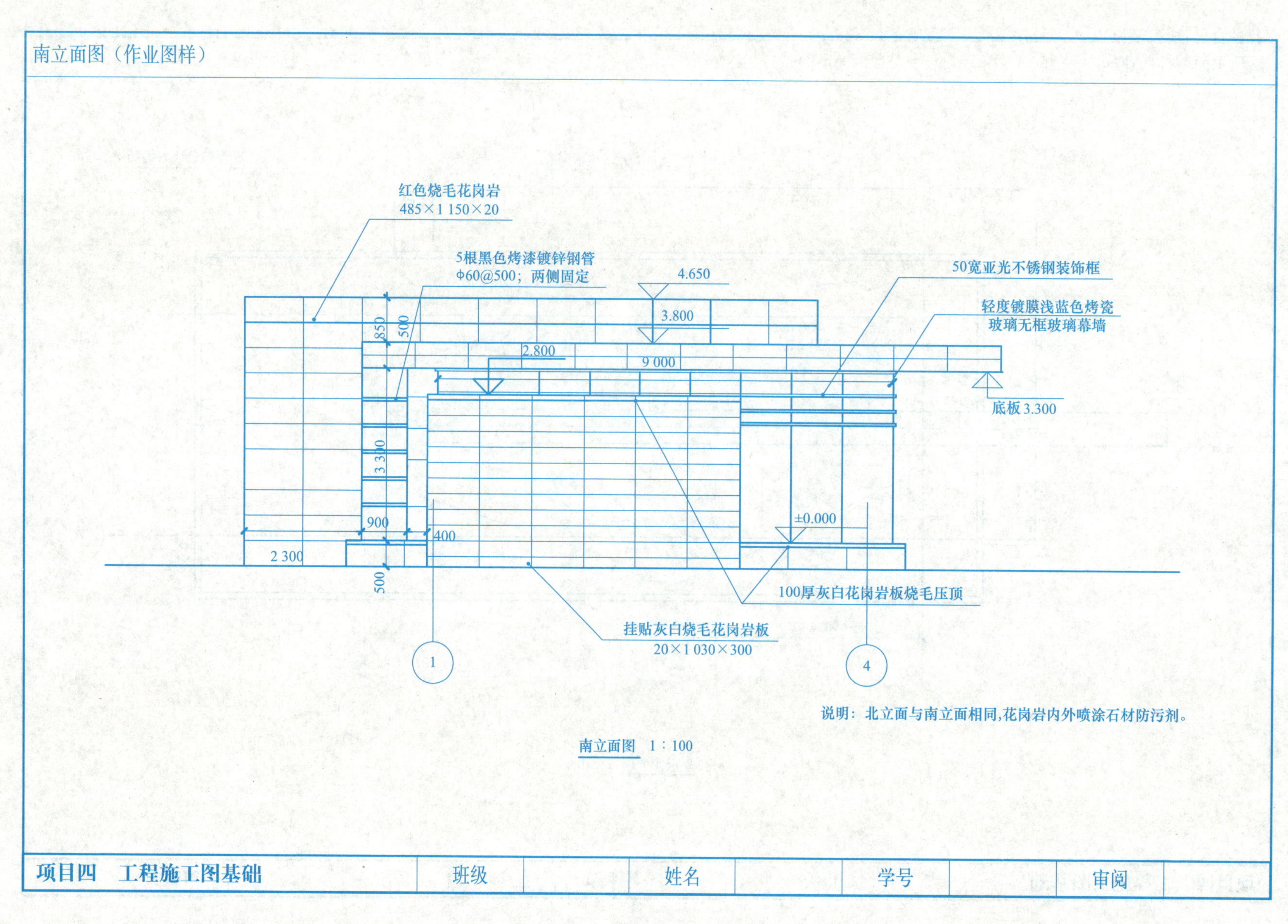

说明：北立面与南立面相同,花岗岩内外喷涂石材防污剂。

南立面图　1∶100

项目四　工程施工图基础	班级		姓名		学号		审阅	

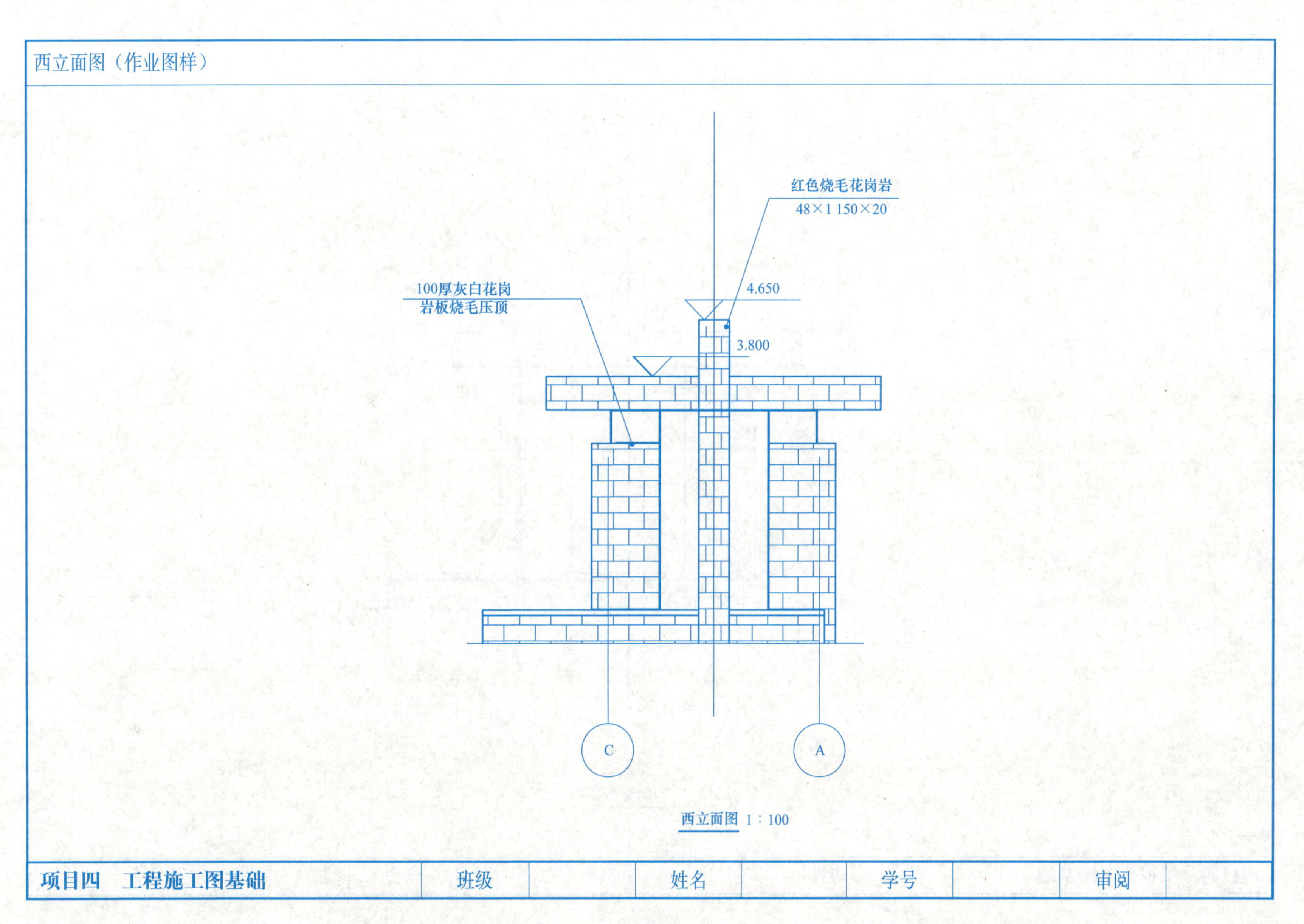
西立面图（作业图样）
红色烧毛花岗岩
48×1 150×20
100厚灰白花岗
岩板烧毛压顶
4.650
3.800
C
A
西立面图 1：100
项目四 工程施工图基础
班级
姓名
学号
审阅

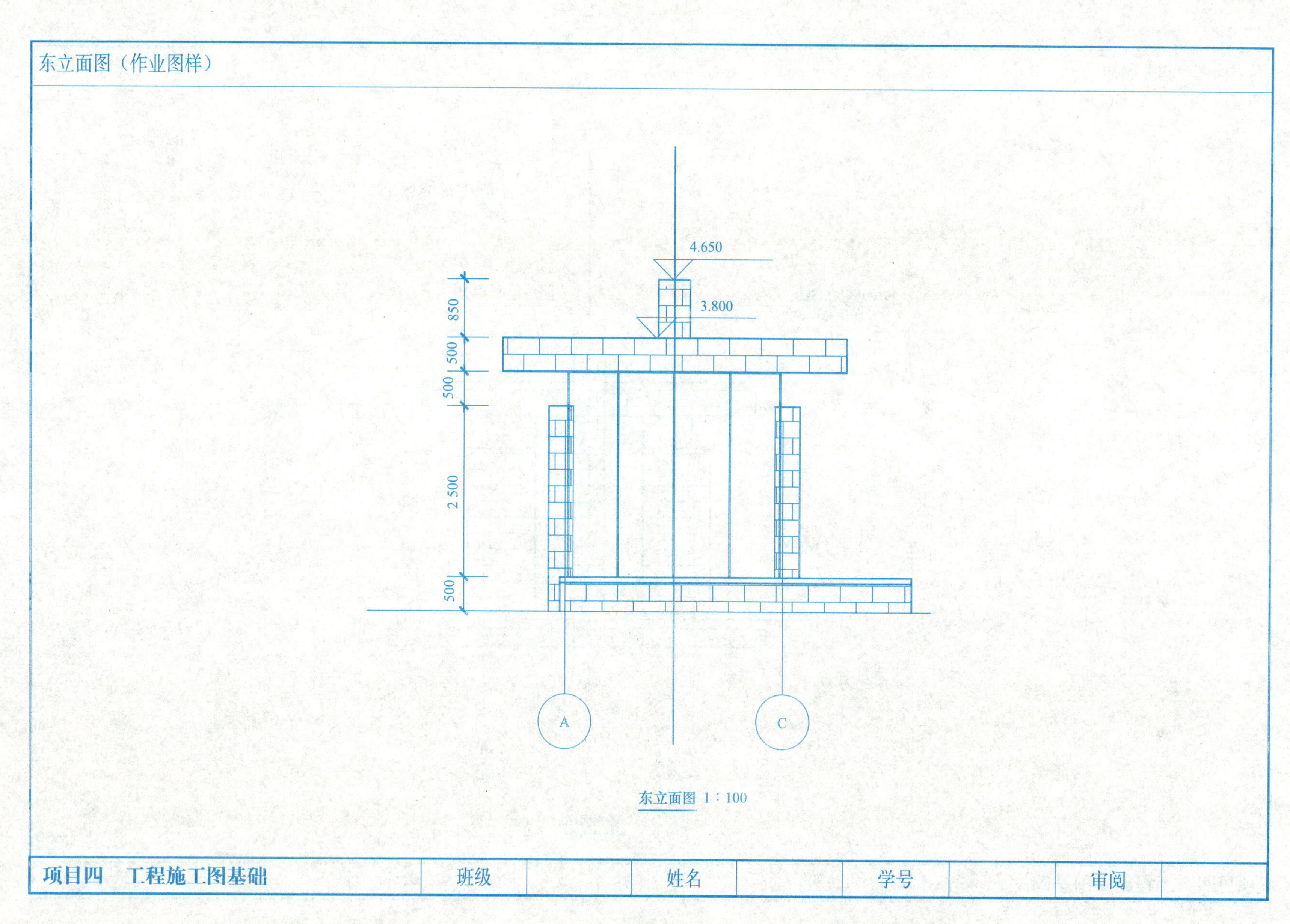
东立面图（作业图样）
4.650
3.800
850
500
500
2 500
500
A
C
项目四 工程施工图基础
班级
姓名
学号
审阅
东立面图 1∶100

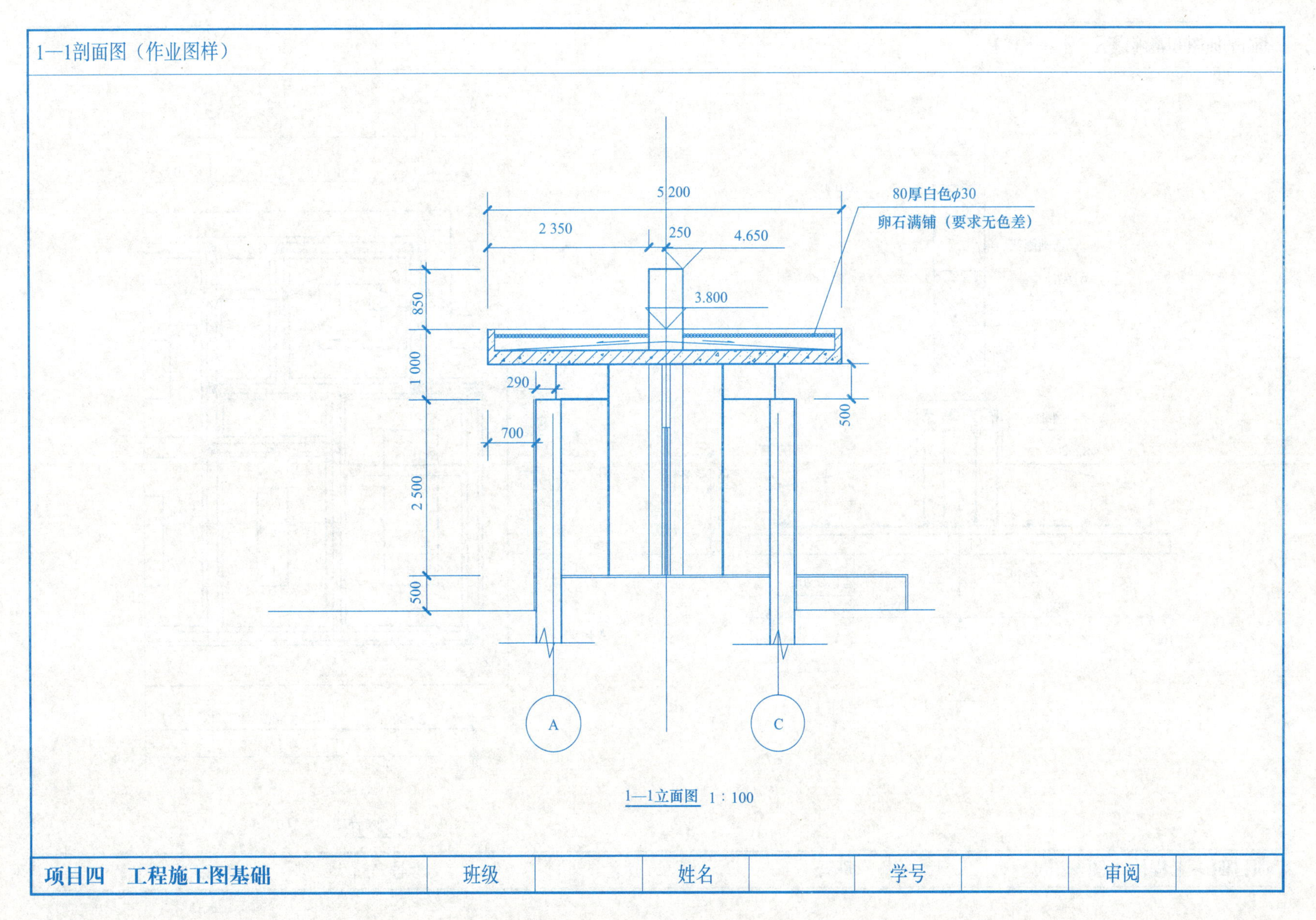
1—1剖面图（作业图样）
5 200
80厚白色ϕ30
卵石满铺（要求无色差）
2 350
250
4.650
3.800
850
1 000
290
500
700
2 500
500
A
C
1—1立面图 1：100
项目四 工程施工图基础
班级
姓名
学号
审阅

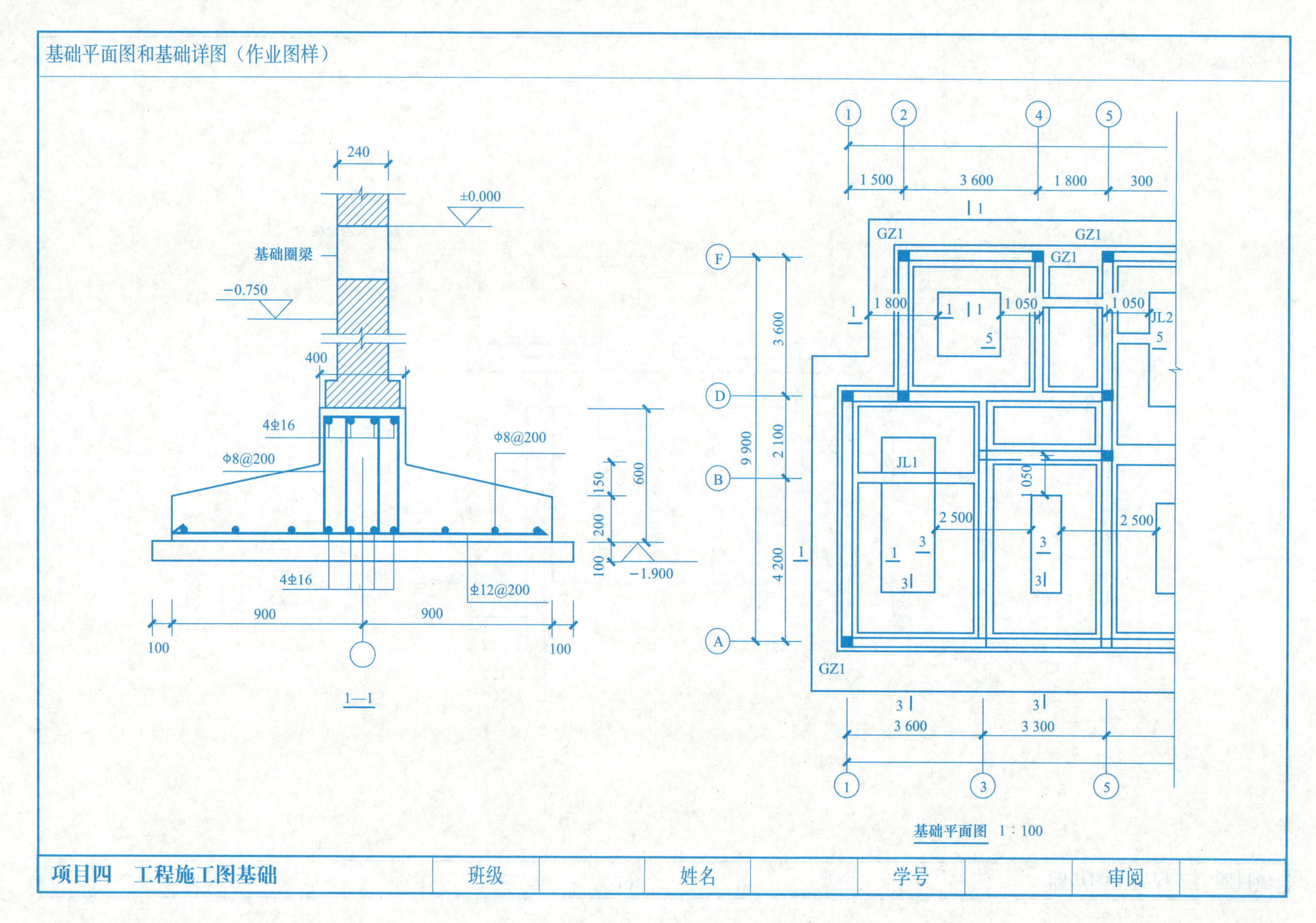
基础平面图和基础详图（作业图样）
240
±0.000
基础圈梁
-0.750
400
4Φ16
Φ8@200
Φ8@200
4Φ16
Φ12@200
150
200
100
600
-1.900
900
900
100
100
1—1
1 500
3 600
1 800
300
GZ1
GZ1
GZ1
1 800
1 050
1 050
JL2
JL1
2 500
2 500
050
3 600
2 100
4 200
9 900
F
D
B
A
GZ1
3 600
3 300
基础平面图 1∶100
项目四 工程施工图基础
班级
姓名
学号
审阅

楼层结构布置图和梁配筋图（作业图样）

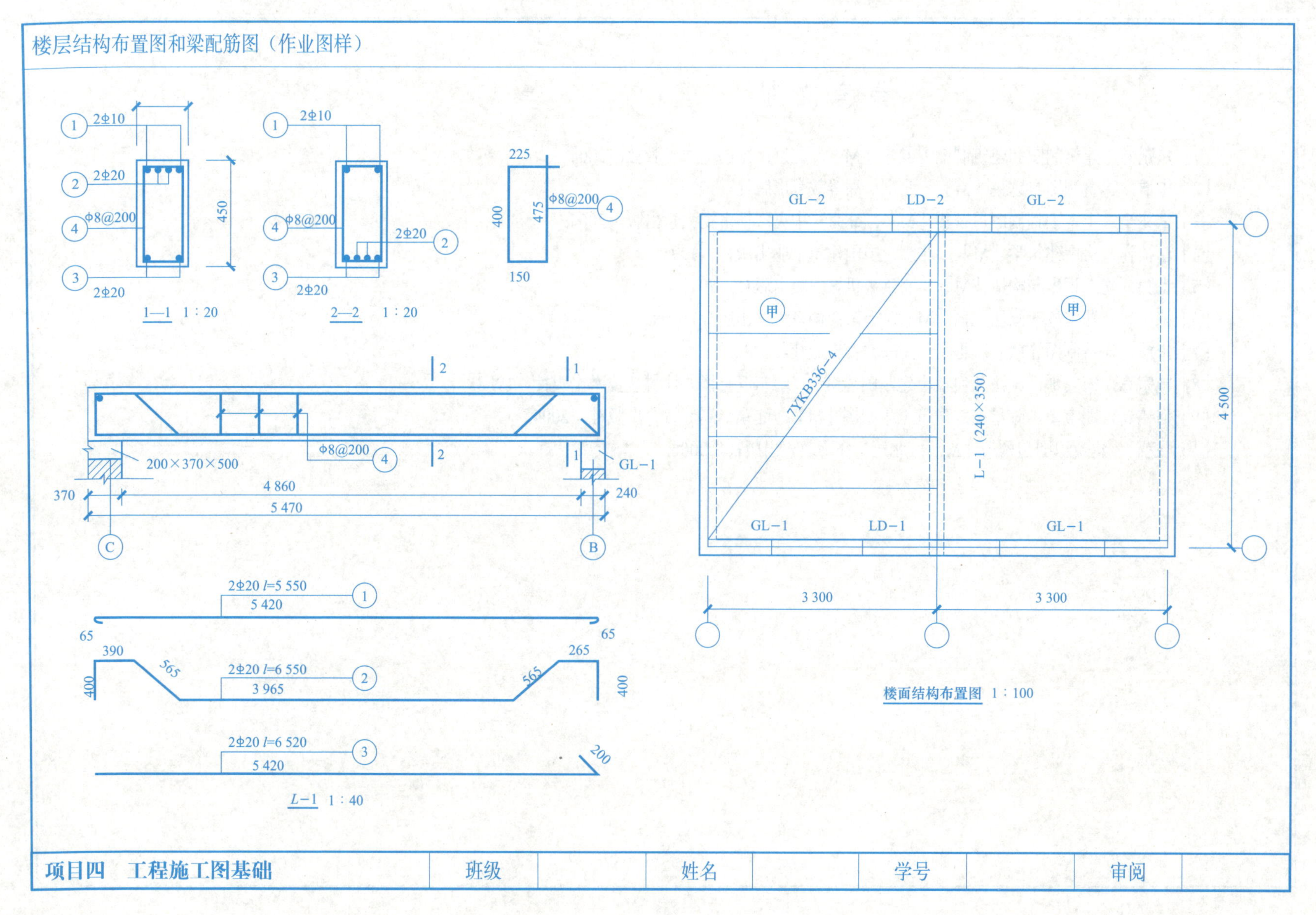

项目四　工程施工图基础	班级		姓名		学号		审阅	

参 考 文 献

[1] 焦鹏寿．建筑制图和建筑制图习题集［M］．北京：中国电力出版社，2004.

[2] 朱浩．建筑制图习题集［M］．北京：高等教育出版社，1997.

[3] 宋兆全．土木工程制图习题集［M］．北京：中央广播电视大学出版，2005.

[4] 李祯祥．房屋建筑学［M］．北京：中国建筑工业出版社，1995.

[5] 王鹏．建筑识图与构造［M］．北京：机械工业出版社，2011.

[6] 陈玉华，郑国权．画法几何［M］．上海：同济大学出版社，1988.

[7] 朱浩．建筑制图［M］．北京：高等教育出版社，1982.

[8] 施宗惠，宋安平．画法几何及土建制图［M］．哈尔滨：黑龙江科学技术出版社，1988.

[9] 何铭新，朗宝敏，陈星铭．建筑工程制图［M］．北京：高等教育出版社，2004.

[10] 赵研．建筑识图与构造［M］．北京：高等教育出版社，2006.